U0359212

我的小小自然博物馆

生命奇迹

两栖动物

[美]凯瑟琳·希尔/著　[美]约翰·希尔/绘　周鑫　牧歌/译

中国纺织出版社有限公司 | 国家一级出版社
全国百佳图书出版单位

图书在版编目（CIP）数据

我的小小自然博物馆. 生命奇迹. 两栖动物 /（美）凯瑟琳·希尔著；（美）约翰·希尔绘；周鑫、牧歌译. — 北京：中国纺织出版社有限公司, 2019.11
书名原文：About AMPHIBIANS
ISBN 978-7-5180-6595-0

Ⅰ. ①我… Ⅱ. ①凯… ②约… ③周… Ⅲ. ①自然科学 – 儿童读物②两栖动物 – 儿童读物 Ⅳ. ①N49 ②Q959.5-49

中国版本图书馆CIP数据核字(2019)第190248号

原文书名：About Amphibians
原书ISBN：9781561453122
原出版社：Peachtree Publishers
原作者名：Cathryn Sill John Sill

著作权合同登记号：图字：01-2019-6200

选题策划：尚童童书　责任编辑：姚　君　责任校对：寇晨晨
责任印制：储志伟　特约编辑：刘凌紫　特约美编：周含雪

中国纺织出版社有限公司出版发行
地址：北京市朝阳区百子湾东里 A407 号楼　邮政编码：100124
销售电话：010—67004422　传真：010—87155801
http://www.c-textilep.com
中国纺织出版社天猫旗舰店
官方微博 http://weibo.com/2119887771
北京尚唐印刷包装有限公司印刷　各地新华书店经销
2019 年 11 月第 1 版第 1 次印刷
开本：889×720　1/16　印张：2.5
字数：20 千字　定价：112.00 元（全 8 册）

凡购本书，如有缺页、倒页、脱页，由本社图书营销中心调换

作者介绍

凯瑟琳·希尔（Cathryn Sill）

凯瑟琳·希尔毕业于美国西卡罗莱纳大学，担任小学教师三十年。她与丈夫约翰·希尔共同创作了《北美罕见鸟类观察指南》《观鸟之外》，“你好！动物朋友”系列、“你好！地球家园”系列等科普书，获得了北卡罗来纳州作家奖、联合童书会（自然世界）优选图书、美国教师协会杰出科普童书奖等众多奖项和荣誉。

约翰·希尔（John Sill）

约翰·希尔拥有北卡罗来纳大学野生动物学学位，他既是一位野生动物专家，也是一位卓越的画家，除了与妻子凯瑟琳·希尔共同创作了一系列科普图书，他还是《鸟之绝唱》《鸟之世界》等经典鸟类图书的作者，并举办过各种野生动物插画展。他笔下的棕尾蜂鸟还被美国鸟类协会评为“2014 年最佳鸟绘”。

两栖动物的皮肤既柔软又湿润。

两栖动物的皮肤生有特殊的腺体，能够分泌出黏液来保护皮肤，并保持皮肤湿润。两栖动物还能通过皮肤进行呼吸，以及吸收和排出水分。红蝾螈（yuán）体长 7~18 厘米，它们生活在清澈凉爽的溪流里，或者栖息在离溪流不远的落叶、石头或倒伏的树木下。

红蝾螈 ▶▶

大多数两栖动物有一部分时间生活在水中。

“两栖动物”顾名思义是指可以在两种环境下栖息的动物。大部分两栖动物的幼体生活在水中，成体生活在陆地上。成体牛蛙一般体长9厘米，是北美洲最大的蛙类。在池塘、湖泊和溪流旁的植物丛中，经常能发现牛蛙的身影。

一部分时间生活在陆地上。

一些两栖动物长成成体后依然生活在水中，但大部分都会到陆地上生活。到了产卵期，大部分两栖动物会回到水里产卵。库氏掘足蟾得名于它们的后足就像一对有力的铲子。这对铲子让它们能在沙地或疏松的土壤里挖洞。库氏掘足蟾体长 5~9 厘米，能忍耐干燥的环境，它们甚至通过在地下的方式来适应半沙漠地区的气候。

库氏掘足蟾 ▶▶

两栖动物是卵生的，它们将卵产在水里或湿润的地方。

两栖动物的卵被一种透明又黏滑的胶状物包裹，对卵起到保护作用。卵孵化后会变成蝌蚪或其他形式的幼体。斑点钝口螈一般体长 15~25 厘米，它们产下的卵会聚成一团，一团里约有上百只卵。斑点钝口螈会将卵附着在水中植物的茎秆或枝叶上。

有些两栖动物在成长过程中要经历变态发育。

两栖动物经历不同形态的发育过程叫变态发育。在这个过程中，大部分两栖动物的鳃和鳍会退化，长出肺和腿，以适应陆地上的生活。美洲蟾蜍体长约6厘米。它的叫声悠长，富有韵律，春天在北美洲东部大部分地区经常能听见。

美洲蟾蜍 ▶▶

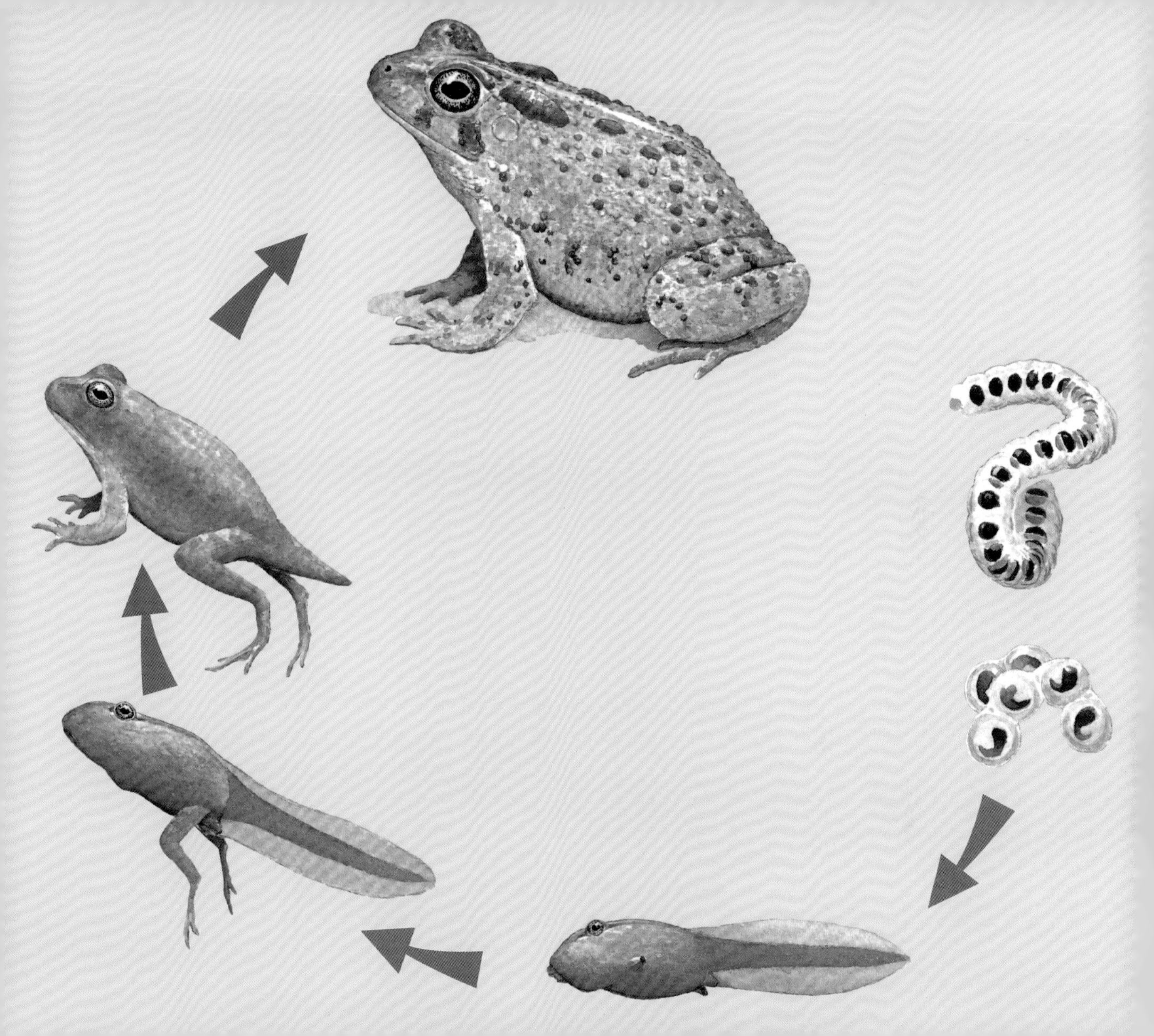

有的两栖动物生有长长的尾巴。

长尾河溪螈有细长的身体、长长的尾巴和 4 条基本一样长的腿。长尾河溪螈体长 10~19 厘米，它的尾巴几乎占到整个身长的 2/3。

有的两栖动物长大以后尾巴就不见了。

当蝌蚪长成青蛙或蟾蜍后，它们的尾巴就退化了，同时生出较长的后腿，可以跳跃。花狭口蛙个头很小，一般体长只有 2.5~4 厘米。它们在夜间活动，以蚂蚁为食物。

花狭口蛙 ▶▶

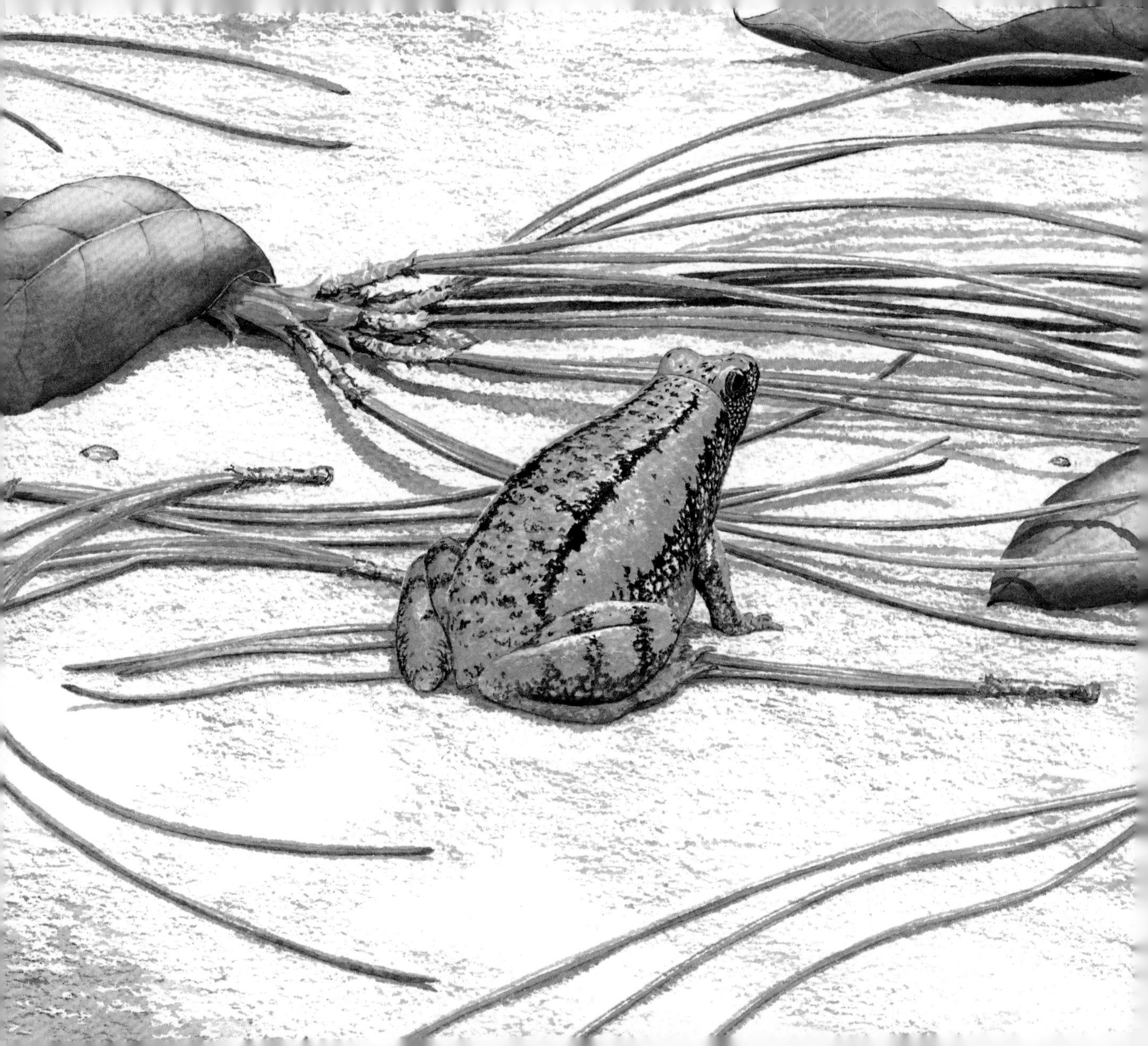

两栖动物有很多天敌。

很多动物，包括鸟、爬行动物，还有哺乳动物，它们都吃两栖动物。鱼和其他小型水生动物吃蝌蚪等两栖动物的幼体。北美豹蛙体长 5~12 厘米，它们躲避天敌时，会沿曲折路线跳跃逃跑，到达安全水域后才会停下。

北美豹蛙 ▶▶

有的两栖动物能通过伪装保护自己。

很多两栖动物能够躲过天敌的注意，因为它们有保护色。也有的两栖动物有着鲜亮的色彩，可以警告敌人：吃它们的滋味可不好受。灰树蛙体长 3~6.4 厘米，它能根据周围的环境在绿色和灰色之间变化体色。

灰树蛙 ▶▶

也有的两栖动物用毒腺来保护自己。

蟾蜍皮肤凸起的肉瘤中藏着毒腺，如果有动物想要吃掉它，就会被它分泌出的毒液灼伤嘴或喉咙。人们常说蟾蜍会让人长肉瘤，这是假的。科罗拉多河蟾蜍一般体长 7.5~15 厘米，毒性非常强。一只狗咬过科罗拉多河蟾蜍后，会麻痹倒地甚至死亡。

科罗拉多河蟾蜍 ▶▶

两栖动物会把自己埋起来，以冬眠或夏眠的方式熬过特别寒冷或炎热的季节。

因为两栖动物是冷血动物，所以它们的体温会随环境变化。天冷的时候，一些两栖动物会进入冬眠。当天气干燥炎热时，一些两栖动物又会进入夏眠。太热或太冷时，两栖动物都不爱活动。木蛙体长 3~8 厘米，是唯一生活在北极圈内的蛙类。大平原蟾蜍体长 5~12 厘米，能适应干旱的环境，因为它们能在疏松的土里挖洞安居。

a. 木蛙　b. 大平原蟾蜍 ▶▶

a
b

有的两栖动物用叫声来互相应和。

雄性青蛙和蟾蜍的叫声能吸引配偶，并警告其他雄性不要靠近。这种声音是由喉咙部位的声囊制造出来的。雨蛙体长 2~3.5 厘米，它的叫声在方圆 800 米的范围内都能听见，也是北美春天的第一声号角。

雨蛙 ▶▶

大部分两栖动物以昆虫为食。

大部分青蛙和蟾蜍通过吐出舌头来捉虫吃。一旦猎物被黏在了舌头上，它们便会迅速把舌头拉回嘴里。橡木蟾蜍体长只有 2~3.5 厘米，是北美洲最小的蟾蜍。

橡木蟾蜍 ▶▶

两栖动物吃食物时会整个吞食。有的两栖动物也长了些细齿，但只是用来抓住并控制猎物。虎纹钝口螈体长 15~34 厘米，是世界上最大的陆生蝾螈。

虎纹钝口螈 ▶▶

保护两栖动物以及它们的生活环境非常重要。

两栖动物能吃掉那些毁坏庄稼和携带病菌的昆虫。同时，两栖动物也是其他动物的食物，它们还被用于科研和教学。有专家认为，两栖动物的数量日益下降，表明我们的生态环境正在持续恶化。我们可以通过保护它们的生活环境来保护两栖动物。安氏林蛙体长2.5~5厘米。要保护这一物种，就必须同时保护它们生存的湿地。

安氏林蛙 ▶▶

亲爱的小朋友：

读完了这本动物绘本，可以试着回答封底的三个问题吗？这套绘本共有 8 册，是献给你们的一套野外观察手绘本 。希望你们能借助这套绘本熟悉动物朋友，爱上动物朋友，从而走进大自然亲近动物朋友 。在此我们愿为你们打开一扇通往美好动物世界的大门，给你们源源不断的启发和探索机会！

下面是一些能让我们了解更多动物知识的相关资料，供大家参考 。

参考资料

野外观察活动组织机构

- 北京自然博物馆　*http://www.bmnh.org.cn*
- 自然之友　*http://www.fon.org.cn*
- 自然图书馆　*http://site.douban.com/144877*
- 乐享自然　*http://www.lxzrchina.com*
- 自然野趣　*http://site.douban.com/213048*

与作者的对话

Q: 您为什么要用这种形式的图文搭配来创作这套书呢?

A: 这套书是我们为小读者们创作的。我们希望这套野外观察手绘本的主体部分简单、清晰、易懂。同时为了便于家长更好地指导孩子,启发孩子,让孩子探求更多有关动物和家园的知识,我们在书中做了一些相关的知识链接。

Q: “我的小小自然博物馆”系列要被介绍给中国小读者了,请问您有什么要对他们说的?

A: 我们希望中国小读者能喜欢这套书,并从书里学到东西。自然世界美妙无比,需要我们的珍惜和保护。

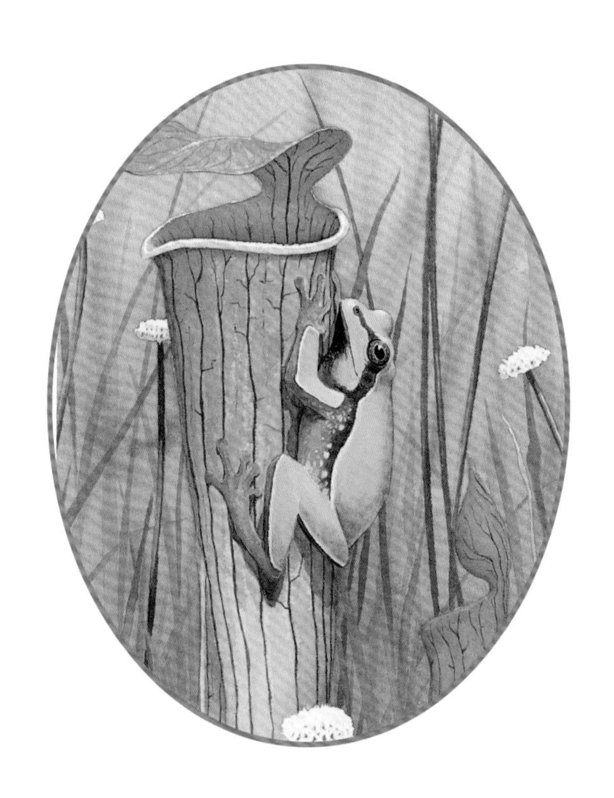

我的小小自然博物馆

生命奇迹

啮齿动物

[美]凯瑟琳·希尔/著　[美]约翰·希尔/绘　周鑫　牧歌/译

中国纺织出版社有限公司 | 国家一级出版社
全国百佳图书出版单位

图书在版编目（CIP）数据

我的小小自然博物馆. 生命奇迹. 啮齿动物 /（美）凯瑟琳·希尔著；（美）约翰·希尔绘；周鑫，牧歌译. -- 北京：中国纺织出版社有限公司，2019.11
ISBN 978-7-5180-6595-0

Ⅰ. ①我… Ⅱ. ①凯… ②约… ③周… ④牧… Ⅲ. ①自然科学－儿童读物②啮齿目－儿童读物 Ⅳ. ①N49 ②Q959.837-49

中国版本图书馆CIP数据核字(2019)第187981号

First published in the United States under the title
ABOUT RODENTS: A GUIDE FOR CHILDREN by Cathryn Sill,illustrated by John Sill.

原文书名：About Rodents
原书ISBN：9781561454549
原出版社：Peachtree Publishers
原作者名：Cathryn Sill John Sill

著作权合同登记号：图字：01-2019-6200

选题策划：尚童童书　责任编辑：姚　君　责任校对：寇晨晨
责任印制：储志伟　特约编辑：刘凌紫　特约美编：周含雪

中国纺织出版社有限公司出版发行
地址：北京市朝阳区百子湾东里 A407 号楼　邮政编码：100124
销售电话：010—67004422　传真：010—87155801
http://www.c-textilep.com
中国纺织出版社天猫旗舰店
官方微博 http://weibo.com/2119887771
北京尚唐印刷包装有限公司印刷　各地新华书店经销
2019 年 11 月第 1 版第 1 次印刷
开本：889 × 720　1/16　印张：2.5
字数：20 千字　定价：112.00 元（全 8 册）

凡购本书，如有缺页、倒页、脱页，由本社图书营销中心调换

作者介绍

凯瑟琳·希尔（Cathryn Sill）

凯瑟琳·希尔毕业于美国西卡罗莱纳大学，担任小学教师三十年。她与丈夫约翰·希尔共同创作了《北美罕见鸟类观察指南》《观鸟之外》，“你好！动物朋友”系列、“你好！地球家园”系列等科普书，获得了北卡罗来纳州作家奖、联合童书会（自然世界）优选图书、美国教师协会杰出科普童书奖等众多奖项和荣誉。

约翰·希尔（John Sill）

约翰·希尔拥有北卡罗来纳大学野生动物学学位，他既是一位野生动物专家，也是一位卓越的画家，除了与妻子凯瑟琳·希尔共同创作了一系列科普图书，他还是《鸟之绝唱》《鸟之世界》等经典鸟类图书的作者，并举办过各种野生动物插画展。他笔下的棕尾蜂鸟还被美国鸟类协会评为“2014 年最佳鸟绘”。

啮齿动物属于哺乳动物，它们的门齿非常特别，一生都在生长。

全世界约有 2000 种啮齿动物。它们在哺乳动物大家庭中的比例超过了 40%。啮齿动物用大大的门齿咀嚼坚硬的食物，挖掘地洞，并咬断那些挡道的东西，比如各种根茎。在冬季，北美豪猪会啃开树木粗糙的外皮，吃里层柔软的树皮。北美豪猪是北美地区的第二大啮齿动物。

啮齿动物靠啃咬坚硬的东西来磨短不停生长的门齿，并保持牙齿锋利。

啮齿动物的门齿会不停地生长，必须靠啃咬将其持续磨短，这样门齿始终能保持锋利。很多啮齿动物用退下的鹿角磨牙，并通过啃食鹿角补充钙和其他矿物质。白足鹿鼠在美国东部的树林和灌木地区很常见。图画中的白足鹿鼠正在用脱落的鹿角惬意地磨牙。

白足鹿鼠 ▶▶

啮齿动物几乎无处不在。

在全世界几乎所有的动物栖息地都能找到啮齿动物的踪迹。羚松鼠在北美洲的莫哈韦沙漠与索诺兰沙漠很常见。旅鼠居住在挪威北部和亚欧大陆的高纬度针叶林。刺鼠住在我国台湾省。麝鼠在美国和加拿大的大部分湿地都有分布。刚毛棉鼠生活在北美东南部以及中美洲的草地和牧场。

a. 羚松鼠　b. 旅鼠　c. 刺鼠　d. 麝鼠　e. 刚毛棉鼠 ▶▶

a
b
c
d
e

有的啮齿动物在地下安家。

啮齿动物需要有个窝，供它们睡觉，储存食物，繁殖后代，躲避猎食者。黑尾土拨鼠会挖洞，每个洞室用地道连在一起。有的洞室是“卧室”，其他的则用作储藏室和厕所。图画中，土拨鼠妈妈和宝宝待的地方就是卧室。从洞里挖出的土被堆在洞穴入口旁，确保下雨时洞穴不会进水。黑尾土拨鼠还用门口的土堆做“瞭望台”，瞭望猎食者。黑尾土拨鼠住在北美洲的大平原上。

黑尾土拨鼠 ▶▶

有的啮齿动物把家安在地面上。

要保护在地面上的家，啮齿动物们各有高招。白喉林鼠把家安在大型仙人掌下，并用树枝和仙人掌片筑巢。仙人掌长长的尖刺让猎食者们望而却步，不敢靠近。林鼠还有两个绰号：“收集鼠”和“交换鼠”。因为它们热衷于收集各种小东西并搬回家。不过，就像猴子掰玉米一样，林鼠常常捡一路丢一路，甚至跟别的林鼠交换物品。白喉林鼠生活在美国西南部的灌木林和沙漠里。

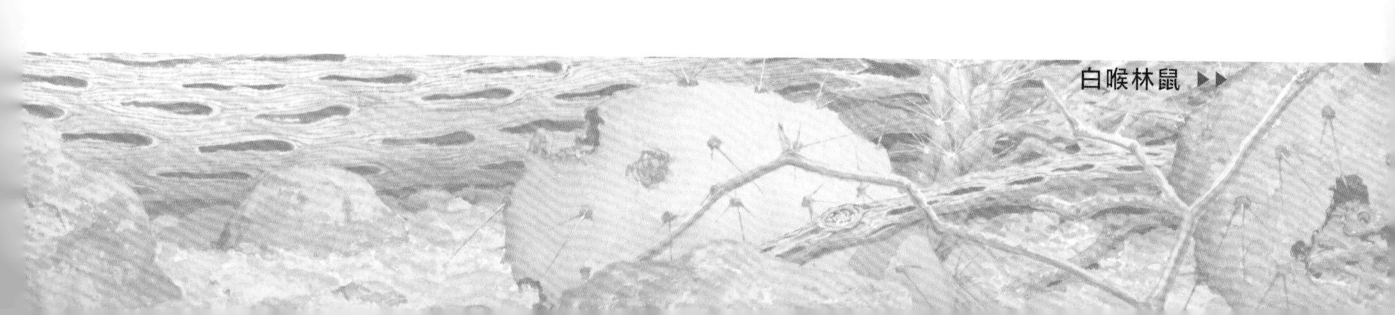

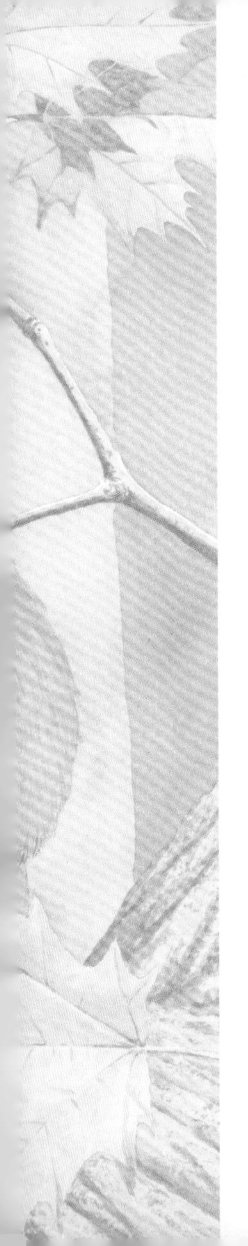

有的啮齿动物把家安在树上。

在树木的主干和较粗的枝干上常常有树洞，这些树洞为啮齿动物提供了安全的筑巢场所。树松鼠能够沿着树枝和树干快速地爬，优良的视力帮助它们判断树枝间的距离。欧亚红松鼠居住在树洞或自己用细枝搭成的圆巢里，它们在巢里铺上苔藓、干草等柔软的材料。欧亚红松鼠生活在欧洲和亚洲的森林里。

欧亚红松鼠 ▶▶

有的啮齿动物把家安在水中。

河狸能够改造自然环境，以保障它们的筑巢地更加安全、舒适。美洲河狸用尖利的牙齿咬断树木和枝干，拦住河道，筑起小堤坝，形成小水潭。河狸就在水潭里用树枝和泥巴修建地穴。因为地穴入口低于水面，猎食者就被拒之门外了。只要水足够深，河狸也会在河堤或湖堤上挖洞。河狸是北美洲最大的啮齿动物。

有时候啮齿动物也会在我们生活的地方出没。

家鼠与人类毗（pí）邻而居已经好几千年了。它们几乎可以在任何地方生存，因为它们几乎什么都吃。住在建筑物里的家鼠让人厌恶，因为它们钻进食物，啃咬家具，还携带病菌。但在田野里，它们却对人类很有帮助，因为它们会吃破坏庄稼的杂草种子和昆虫。家鼠的足迹遍布世界各地，是探险家和移民们的轮船与马车无意中帮它们完成了旅行。除了最寒冷的地区，地球上几乎找不到没有家鼠的地方了。

家鼠 ▸▸

米勒牌
意大利面
番茄
浓缩
绿
豆
圣城
面粉

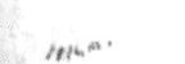

大部分啮齿动物以植物为食。

不同种类的啮齿动物吃植物的不同部分。美洲旱獭吃草、绿叶、嫩芽还有嫩枝。当美洲旱獭受到惊吓时，它们会发出刺耳的尖叫声，听起来就像汽笛在鸣叫，所以也有人叫它们“吹哨小猪”。美洲旱獭生活在美国东部和加拿大的大部分地区。

有的啮齿动物既吃植物，也吃昆虫和其他小动物。

南美鼯（wú）鼠在晚上猎食。它们吃的东西非常多，有坚果、种子、浆果、树汁、菌类、昆虫、鸟蛋以及腐肉。南美鼯鼠身体两侧的皮肤很特别，能帮助它们在树木间滑行。南美鼯鼠生活在美国东部以及墨西哥和中美洲的部分地区。

南美鼯鼠和天蚕蛾 ▶▶

一些啮齿动物长着有弹性的颊囊，用来把食物带回家。

冬天食物稀少，啮齿动物也有办法度过。在夏末和秋季，东部花栗鼠会收集储存足够的食物帮它们度过冬季。它们用颊囊带着大量食物返回窝里。颊囊被塞满时，几乎跟它们的头一样大。东部花栗鼠生活在美国东部和加拿大的东南部。

东部花栗鼠 ▶▶

还有一些啮齿动物先把食物藏在不同的地方，之后再回来找。

灰松鼠准备过冬时，会在很多地方把富余的坚果埋藏起来。灵敏的嗅觉能帮助灰松鼠找到这些坚果，但总会有些坚果再也没被找到，这些果子最终长成了树。灰松鼠是北美洲的本土动物，现在被引入到了欧洲和南非的部分地区。

灰松鼠 ▶▶

住在寒冷地区的啮齿动物，夏天和秋天会吃许多东西，变胖了才能冬眠度过严冬。

有的啮齿动物在难以觅食的冬季选择冬眠。冬眠的动物在夏末和初秋吃很多东西，然后进入长长的冬眠期，靠消耗储存在体内的脂肪为生。榛（zhēn）睡鼠可以从十月冬眠到来年四月。它们在欧洲大部分地区树林的灌木丛中安家。

榛睡鼠 ▶▶

大部分啮齿动物都很小。

巢鼠将草叶编织在一起做巢，它们的巢大约只有网球那么大。巢鼠是最小的啮齿动物之一。它们将尾巴盘在植物上，能轻松地爬上麦子、芦苇还有青草细长的茎秆。巢鼠生活在欧洲和亚洲。

巢鼠 ▶▶

只有少数啮齿动物是大块头。

水豚生活在南美洲的河流与湖泊附近，是世界上最大的啮齿动物。成年水豚体长可达 1 米以上，体重约 50 千克。水豚脚趾间有小蹼，能帮助划水，所以它们是游泳健将。水豚也是潜水高手，它们能潜入水下行走 5 分钟。这种大型啮齿动物以水草和其他生长在水边的植物为食。

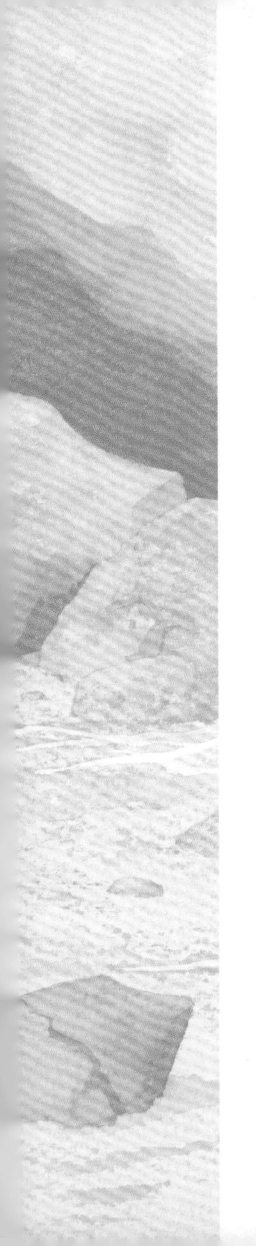

大多数啮齿动物寿命短暂，但是它们的繁殖能力很强。

一般情况下，小型啮齿动物比大型啮齿动物寿命要短。河狸能活 20 年左右，金仓鼠只能活 2~2.5 年。金仓鼠又名叙利亚仓鼠，一次生 5~10 只幼鼠，最多生 20 只。幼金仓鼠 3 周大就会断奶。金仓鼠虽然是常见的宠物，但野生金仓鼠正面临灭绝的危险。它们在野外只生活在亚洲西南部的叙利亚、黎巴嫩、以色列的一小部分地区。

金仓鼠 ▶▶

啮齿动物是很多猎食者的食物。

啮齿动物是世界上数量最多的哺乳动物，原因之一是它们的繁殖能力强。每天都有数以百万的啮齿动物成为其他动物的食物。很多哺乳动物、鸟还有爬行动物都以啮齿动物为食。有些农民会为仓鸮（xiāo）提供住处，让它们帮忙消灭那些毁坏作物的啮齿动物。仓鸮和褐鼠广泛分布于世界上大部分地区。

仓鸮和褐鼠 ▶▶

啮齿动物是很重要的动物，它们生存的环境也很重要。我们应该保护啮齿动物和它们的生活环境。

啮齿动物是动物界的重要组成部分，是自然界不可缺少的一部分。有的啮齿动物被用于医药研究，有的啮齿动物吃有害的昆虫和野草籽，有的啮齿动物是人类的食物，有的啮齿动物是受人喜爱的宠物。

因为人类贪图绒毛丝鼠柔软温暖的皮毛，常常捕捉它们，所以野外生存的绒毛丝鼠日益稀少。野生绒毛丝鼠如今受到法律的保护，但它们的数量依然在持续下降。因为仍然有人类在非法猎捕它们，它们的栖息地也在受到破坏。现在，长尾绒毛丝鼠只生活在南美安第斯山脉寒冷的岩质边坡。

绒毛丝鼠 ▶▶

我的小小自然博物馆

生命奇迹

蛛形纲动物

[美]凯瑟琳·希尔/著　[美]约翰·希尔/绘　周鑫　牧歌/译

中国纺织出版社有限公司 | 国家一级出版社
全国百佳图书出版单位

图书在版编目（CIP）数据

我的小小自然博物馆. 生命奇迹. 蛛形纲动物 /（美）凯瑟琳·希尔著；（美）约翰·希尔绘；周鑫, 牧歌译. -- 北京：中国纺织出版社有限公司, 2019.11
ISBN 978-7-5180-6595-0

Ⅰ. ①我… Ⅱ. ①凯… ②约… ③周… ④牧… Ⅲ. ①自然科学－儿童读物②蛛形纲－儿童读物 Ⅳ. ①N49 ②Q959.226-49

中国版本图书馆CIP数据核字(2019)第188013号

原文书名：About Arachnids
原书ISBN：9781561453641
原出版社：Peachtree Publishers
原作者名：Cathryn Sill John Sill

著作权合同登记号：图字：01-2019-6200

选题策划：尚童童书　责任编辑：姚　君　责任校对：寇晨晨
责任印制：储志伟　特约编辑：刘凌紫　特约美编：周含雪

中国纺织出版社有限公司出版发行
地址：北京市朝阳区百子湾东里 A407 号楼　邮政编码：100124
销售电话：010—67004422　传真：010—87155801
http://www.c-textilep.com
中国纺织出版社天猫旗舰店
官方微博 http://weibo.com/2119887771
北京尚唐印刷包装有限公司印刷　各地新华书店经销
2019 年 11 月第 1 版第 1 次印刷
开本：889×720　1/16　印张：2.5
字数：20 千字　定价：112.00 元（全 8 册）

凡购本书，如有缺页、倒页、脱页，由本社图书营销中心调换

作者介绍

凯瑟琳·希尔（Cathryn Sill）

凯瑟琳·希尔毕业于美国西卡罗莱纳大学，担任小学教师三十年。她与丈夫约翰·希尔共同创作了《北美罕见鸟类观察指南》《观鸟之外》，“你好！动物朋友”系列、“你好！地球家园”系列等科普书，获得了北卡罗来纳州作家奖、联合童书会（自然世界）优选图书、美国教师协会杰出科普童书奖等众多奖项和荣誉。

约翰·希尔（John Sill）

约翰·希尔拥有北卡罗来纳大学野生动物学学位，他既是一位野生动物专家，也是一位卓越的画家，除了与妻子凯瑟琳·希尔共同创作了一系列科普图书，他还是《鸟之绝唱》《鸟之世界》等经典鸟类图书的作者，并举办过各种野生动物插画展。他笔下的棕尾蜂鸟还被美国鸟类协会评为“2014年最佳鸟绘”。

蛛形纲动物有 8 条腿。

蜘蛛不是昆虫，它属于节肢动物门蛛形纲，而昆虫属于节肢动物门昆虫纲。蛛形纲动物是典型的节肢动物：它们的身体和附肢都是一节一节的；身体外面还被坚实的外骨骼包裹。蜘蛛、蝎子、蜱（pí）虫、螨（mǎn）虫和盲蛛都是蛛形纲动物。人们经常将盲蛛和蜘蛛混为一谈，盲蛛常常被称作长脚蜘蛛，但它并不是蜘蛛。棕色长脚盲蛛就是典型的盲蛛目动物。棕色长脚盲蛛是夜行动物，以小昆虫和腐烂的有机物为食。

棕色长脚盲蛛 ▶▶

它们的身体主要分为两部分。

蛛形纲动物的 8 条长腿都长在第一体节上，这一节叫作头胸节。在头胸节的前端还长有感觉器官和口器。头胸节的后面是腹节，腹节里面主要有心脏和生殖系统等。

图画中的沙漠狼蛛捕食昆虫、蜥蜴等。它看起来虽然很吓人，但是它的毒液的毒性却很弱，甚至比不上蜇人的蜜蜂。

沙漠狼蛛 ▶▶

蛛形纲动物有坚硬的外骨骼保护身体。

图画中的雌性圆形棘（jí）腹蛛有一副不寻常的外骨骼：腹节上的6根棘刺能保护它不受伤害。这种蜘蛛每天晚上都会织一张新网。蛛形纲动物的身体被坚硬的外骨骼保护和支撑着，外骨骼还能保护身体内的水分不易蒸发。由于坚硬的外骨骼不会跟着身体一起生长，因此每隔一段时间，为了长大，蛛形纲动物必须蜕掉它们的外壳。

圆形棘腹蛛 ▶▶

绝大多数蛛形纲动物都生活在陆地上。

当巨鞭蝎受到威胁时，会从尾巴的根部分泌出酸雾，气味闻起来就像醋一样，所以又被称作喷醋鞭蝎。在世界各地不同的生态环境中，都能发现蛛形纲动物的身影。全世界有近 70 种有鞭蝎，巨鞭蝎就是其中一种，它是所有鞭蝎种类中最大的，主要分布在北美洲。

巨鞭蝎 ▶▶

大部分蛛形纲动物都是猎食者，它们捕食比自己更小的动物。

结板蛛通常会在地下挖一个洞穴，同时在地面的入口处覆盖上可以自由翻开的翻板。当猎物经过翻板附近时，结板蛛就从翻板下冲出来，一下子抓住猎物，将其拖进自己的洞穴。蜘蛛主要捕食昆虫，它们是相当重要的猎食者，甚至能控制昆虫数量的平衡。

结板蛛 ▶▶

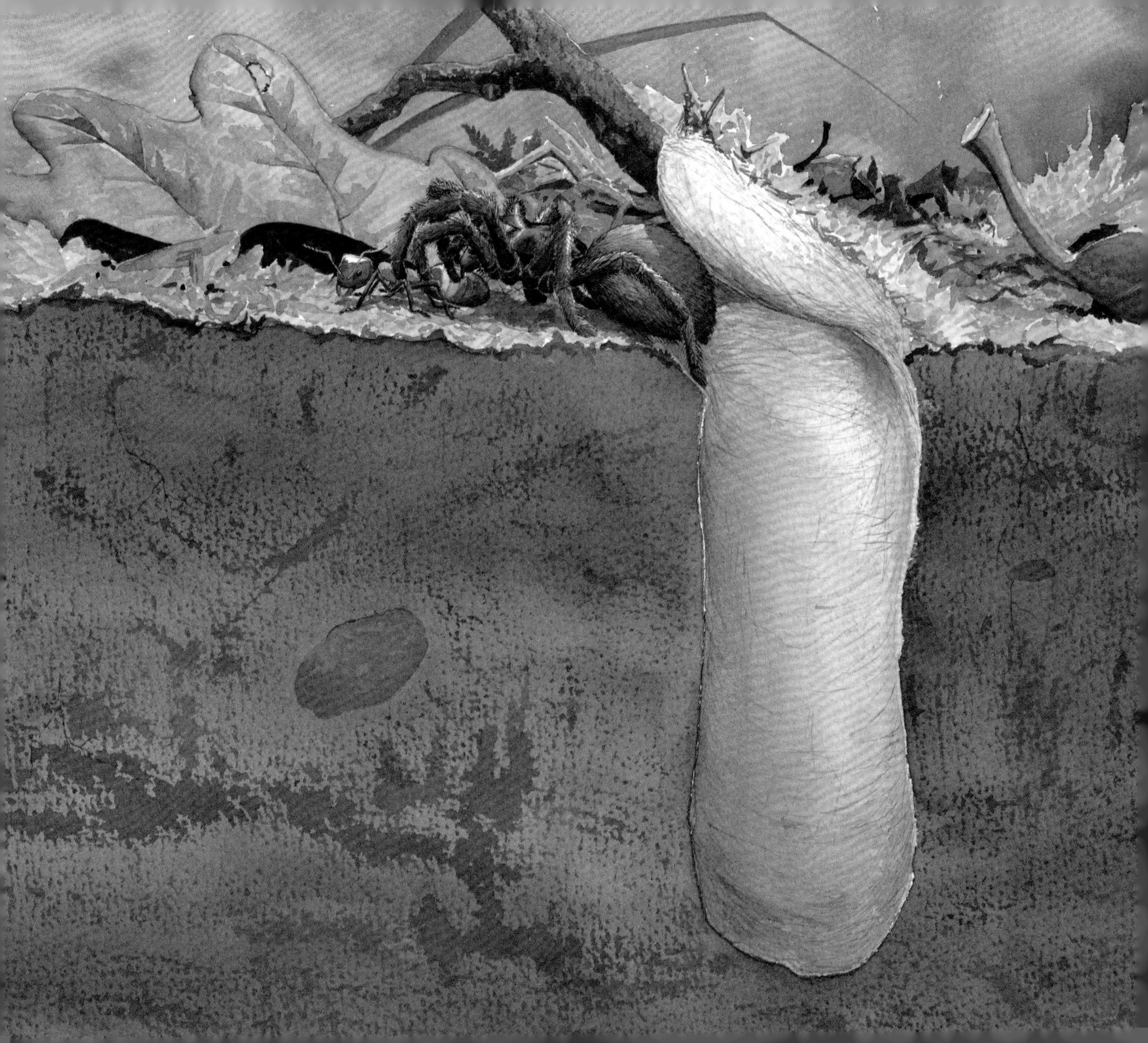

有些蛛形纲动物是有毒的，毒液可以帮助它们捕猎。

很多蜘蛛都会先用毒液给猎物致命的一击。将猎物麻醉或杀死后，蜘蛛从口中吐出消化液注入猎物的伤口。当猎物的组织被消化液消化成汁水的时候，蜘蛛就可以吸食美味的“肉汤”了。黑寡（guǎ）妇蜘蛛毒性很强，但非常胆小，在受到威胁时它们总是会先逃跑。这种蜘蛛之所以被称作“黑寡妇”，主要是因为雌蜘蛛在交配后会咬死雄蜘蛛。

黑寡妇蜘蛛 ▶▶

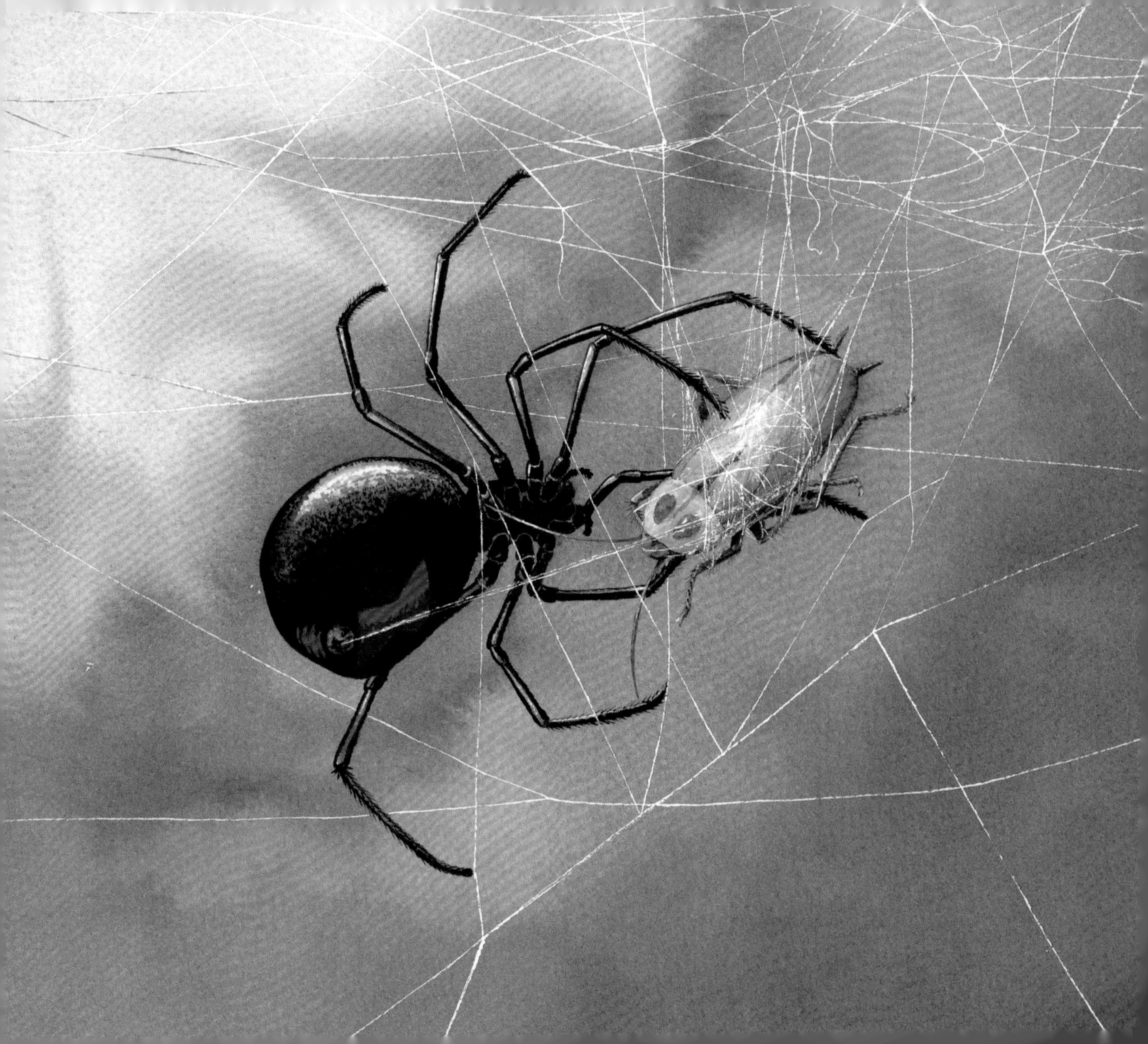

有些蛛形纲动物靠吸食体形较大的动物的血液为生。

蜱虫是寄生生物，它依靠吸食小鸟、爬行动物和哺乳动物的血液为生。蜱虫的幼虫栖息于草上或灌木的枝梢上，等宿主动物经过时便爬到它们的体表，一般经过数日的吸血后重落回地面，如此反复直到蜕皮成为成虫。

蜱虫 ▶▶

蛛形纲中的有些动物，会用大钳子和毒针来捕食猎物，同时保护自己。

有些蝎子会用它们的毒针捕猎和保护自己，但是很多其他蝎子则是用它们的大钳子来捕猎和保护自己的，比如美洲沙漠金蝎。世界上，仅有不到 2% 的蝎子种类对人类产生威胁。美洲沙漠金蝎体长可达 14 厘米，它性情凶猛，但不主动攻击人类。大多数时候，美洲沙漠金蝎靠吃各种昆虫为生，有时候也吃小蜥蜴或蛇等小型爬行动物。

美洲沙漠金蝎 ▶▶

许多蛛形纲动物，通过织网来帮助它们捕获食物。

大家都知道，蜘蛛通过织网进行捕食。蜘蛛的种类不同，织的网的形状也不一样。棘腹蛛织螺旋状的圆网。络新妇蛛的蛛丝是金黄色的，它织的网直径可达1米。

络新妇蛛 ▶▶

蛛丝能帮助蛛形纲动物去旅行。

当小蜘蛛们决定离开家，重新寻找一个生活和捕猎的地方时，它们就会爬上树梢或者草叶，垂下几根蛛丝，顺着蛛丝降落下来。风吹起蛛丝，小蜘蛛就边吐丝边飘荡。有时候，风甚至会把小蜘蛛送出几千米远呢。这被称作“坐热气球”旅行。图画中的小金蛛正在用这种方式旅行，寻找自己的新家。

金蛛 ▶▶

蛛丝还可以保护它们的小宝宝。

大多数蜘蛛用蛛丝做成丝囊来保护它们的卵。盗蛛不会结网捕猎，但是它们会结网育儿。盗蛛妈妈会用育儿网把自己的卵保护起来，在蜘蛛卵都孵化成小蜘蛛，并且具备了离开家的能力之前，蜘蛛妈妈会一直守护在它们身边。

盗蛛 ▶▶

有的蛛形纲动物做了妈妈后，会精心照料它们的卵或者小宝宝。

有些种类的蜘蛛，雌蛛在产完卵后就死去了，有些则在产完卵后独自离开了，但还有一些雌蛛会一直守卫在它们的卵旁。母狼蛛就是这样。狼蛛妈妈会一直拖着它的卵囊，直到卵囊里的卵孵化成小蜘蛛。新孵化的小蜘蛛还会爬上妈妈的后背。

就像其他蝎子一样，墨西哥雕像木蝎妈妈会一直背着它的宝宝，直到宝宝第一次蜕皮，才会让它们离开。

a. 狼蛛 ▶▶
b. 墨西哥雕像木蝎

a
b

有些蛛形纲动物太小了，很难被发现。

螨是一种很小的蛛形纲动物。许多螨过着寄生的生活，植物和动物都可以成为它们的宿主，绒螨也吃昆虫的卵。一些恙（yàng）螨咬了人，可以引起严重的皮肤瘙痒。虽然绒螨只有3毫米长，但是它毛茸茸的红色身体却很容易辨认。

有些蛛形纲动物可能会伤人。

通常情况下，蛛形纲动物只蜇咬它们的猎物，但是有些特殊的种类也会伤害人。蜱虫的叮咬会传播疾病，螨虫吸吮植物的汁液，会危害庄稼。如果人被一只褐色的隐士蜘蛛咬上一口，伤口会红肿溃烂，要近一个月才能愈合。

隐士蜘蛛 ▶▶

但是，大多数蛛形纲动物是有益的，应该受到保护。

为保持自然界的平衡，蛛形纲动物起着特别重要的作用。在蜘蛛捕食的昆虫中，有很多是害虫。比如黑白相间的佛罗里达跳蛛，这些小家伙的胃口很大，而且什么都不怕，一只佛罗里达跳蛛可以一口气吃掉40只果蝇。

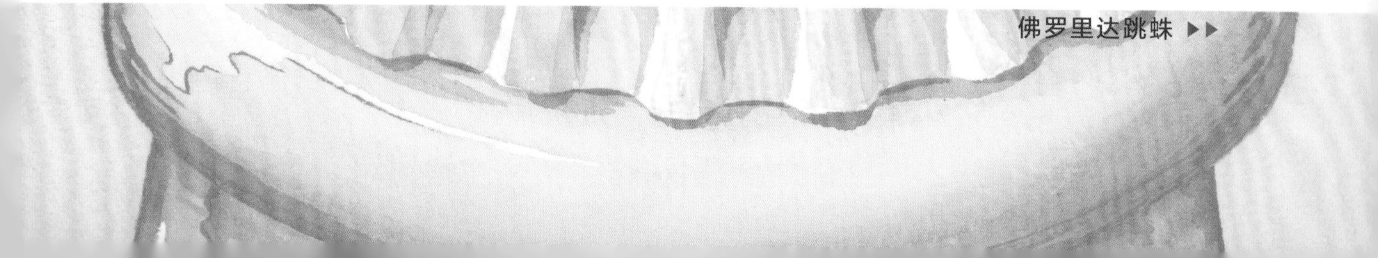

佛罗里达跳蛛 ▸▸

亲爱的小朋友：

读完了这本动物绘本，可以试着回答封底的三个问题吗？这套绘本共有8册，是献给你们的一套野外观察手绘本。希望你们能借助这套绘本熟悉动物朋友，爱上动物朋友，从而走进大自然亲近动物朋友。在此我们愿为你们打开一扇通往美好动物世界的大门，给你们源源不断的启发和探索机会！

下面是一些能让我们了解更多动物知识的相关资料，供大家参考。

参考资料

野外观察活动组织机构

- 北京自然博物馆 *http://www.bmnh.org.cn*
- 自然之友 *http://www.fon.org.cn*
- 自然图书馆 *http://site.douban.com/144877*
- 乐享自然 *http://www.lxzrchina.com*
- 自然野趣 *http://site.douban.com/213048*

与作者的对话

Q: 您为什么要用这种形式的图文搭配来创作这套书呢?

A: 这套书是我们为小读者们创作的。我们希望这套野外观察手绘本的主体部分简单、清晰、易懂。同时为了便于家长更好地指导孩子，启发孩子，让孩子探求更多有关动物和家园的知识，我们在书中做了一些相关的知识链接。

Q: “我的小小自然博物馆”系列要被介绍给中国小读者了，请问您有什么要对他们说的?

A: 我们希望中国小读者能喜欢这套书，并从书里学到东西。自然世界美妙无比，需要我们的珍惜和保护。

我的小小自然博物馆

生命奇迹

甲壳动物

[美]凯瑟琳·希尔/著　[美]约翰·希尔/绘　周鑫　牧歌/译

中国纺织出版社有限公司
国家一级出版社
全国百佳图书出版单位

图书在版编目（CIP）数据

我的小小自然博物馆. 生命奇迹. 甲壳动物 /（美）凯瑟琳·希尔著；（美）约翰·希尔绘；周鑫，牧歌译. -- 北京：中国纺织出版社有限公司，2019.11
ISBN 978-7-5180-6595-0

Ⅰ. ①我… Ⅱ. ①凯… ②约… ③周… ④牧… Ⅲ. ①自然科学－儿童读物②甲壳纲－儿童读物 Ⅳ. ①N49 ②Q959.223-49

中国版本图书馆CIP数据核字(2019)第187975号

原文书名：About Crustaceans
原书ISBN：9781561454051
原出版社：Peachtree Publishers
原作者名：Cathryn Sill John Sill

选题策划：尚童童书　责任编辑：姚　君　责任校对：寇晨晨
责任印制：储志伟　特约编辑：刘凌紫　特约美编：周含雪

中国纺织出版社有限公司出版发行
地址：北京市朝阳区百子湾东里 A407 号楼　邮政编码：100124
销售电话：010—67004422　传真：010—87155801
http://www.c-textilep.com
中国纺织出版社天猫旗舰店
官方微博 http://weibo.com/2119887771
北京尚唐印刷包装有限公司印刷　各地新华书店经销
2019 年 11 月第 1 版第 1 次印刷
开本：889×720　1/16　印张：2.5
字数：20 千字　定价：112.00 元（全 8 册）

凡购本书，如有缺页、倒页、脱页，由本社图书营销中心调换

作者介绍

凯瑟琳·希尔（Cathryn Sill）

凯瑟琳·希尔毕业于美国西卡罗莱纳大学，担任小学教师三十年。她与丈夫约翰·希尔共同创作了《北美罕见鸟类观察指南》《观鸟之外》，“你好！动物朋友”系列、“你好！地球家园”系列等科普书，获得了北卡罗来纳州作家奖、联合童书会（自然世界）优选图书、美国教师协会杰出科普童书奖等众多奖项和荣誉。

约翰·希尔（John Sill）

约翰·希尔拥有北卡罗来纳大学野生动物学学位，他既是一位野生动物专家，也是一位卓越的画家，除了与妻子凯瑟琳·希尔共同创作了一系列科普图书，他还是《鸟之绝唱》《鸟之世界》等经典鸟类图书的作者，并举办过各种野生动物插画展。他笔下的棕尾蜂鸟还被美国鸟类协会评为“2014 年最佳鸟绘”。

甲壳动物身体外部有硬壳包裹。

甲壳（qiào）动物属于节肢动物门，身体分为头胸部和腹部两部分，附肢分节，身体外部裹着一层坚硬的壳，也称为外骨骼。除虾、蟹外，甲壳动物还包括龙虾、藤壶、鱼蚤等。加利福尼亚岩龙虾，不像有的龙虾那样长着大钳子，但它们的头胸甲和背甲又硬又厚，能有效起到保护作用。

加利福尼亚岩龙虾 ▷▷
加州尖隆头鱼

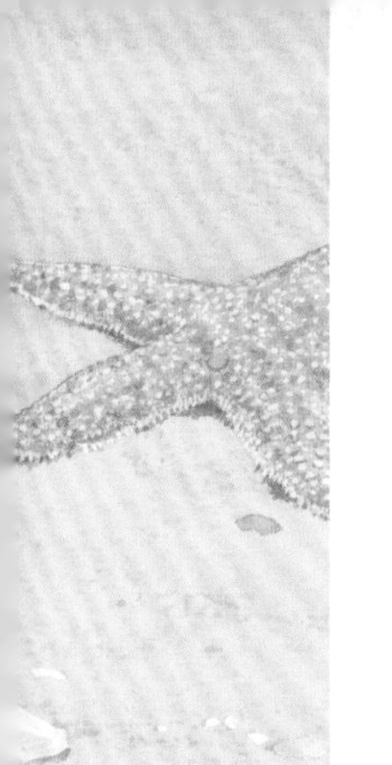

硬壳保护着甲壳动物柔软的身体。

甲壳动物有坚硬的外壳包裹着身体，就像盔甲一样，使其他动物很难吃掉它们。肝蟹体宽 6.5 厘米左右，颜色绚丽的外壳能帮助它们跟周围的环境融合在一起，不易被发现。肝蟹生活在海湾和大洋底部的沙地里，是某些濒危类海龟的重要食物。

肝蟹 ▶▶
海星

当甲壳动物的身体长到硬壳装不下时，它就要蜕掉旧壳，换上新壳。

甲壳动物的外壳不会随着动物身体的生长而生长，它们会周期性地脱落，这个过程叫蜕皮。年幼的甲壳动物蜕皮更加频繁，因为它们长得很快。很多甲壳动物会吃掉蜕下的皮，从中获取钙质，用来制造更强的新壳。刚蜕去皮后的那段时期是甲壳动物最脆弱、最容易受到攻击的时候。软软的新壳在变得坚硬之前几乎不能保护甲壳动物的身体。美洲螯龙虾生活在大洋底部的多石地区，一般体长 20~60 厘米，体重 0.5~4 千克。美洲螯龙虾在幼年时一年大概要蜕皮 2~3 次，成年后一年只蜕一次皮。

甲壳动物用它们的触须来“触摸”“闻嗅”和“品尝”。

甲壳动物触须的主要功能是感觉，能够帮助它们探测周围的环境，另外还有捕食、平衡、运动等功能。有些甲壳动物的触须粗短、坚硬，有些甲壳动物的触须细长、柔软。红线清洁虾体长约 7 厘米，它们的触须弯向背部，长及尾部，能够预警来自身后的危险。红线清洁虾多生活在岩石和珊瑚礁附近，以清洁出名，能帮助鱼类清除身上的老皮和寄生虫。

红线清洁虾 ▶▶

有的甲壳动物，眼睛高高凸起，这让它们更容易观察到周边的情况。

虾蛄（gū）一般体长20厘米左右，长长的眼柄让它们能够轻易地观察到猎物，并帮助它们成功捕获到食物。虾蛄生活在海底，通常居住在泥质或沙质的洞穴里。它们有一对锋利的颚足，像两把镰刀一样，能够轻易地把自己的同类截成两段，而且还能割伤想要捕捉它们的人类。虾蛄有很多别名，如螳螂虾、皮皮虾、濑尿虾等。

甲壳动物一般有好几对附足。有的附足用于爬行，有的附足用于游泳或挖洞。

陆寄居蟹一般体长约4厘米，它们柔软的腹部没有硬壳保护，所以通常需要寄居在软体动物留下的空壳中。它们的第一对螯肢就是大钳子，能帮助它们抓取食物。陆寄居蟹左螯较大，可以挡住螺壳的壳口。

少女蟹的最后一对足是扁平的，能够帮助它们划水。

提琴蟹体长约4厘米，属于招潮蟹。它们用足肢来挖洞。每当涨潮的时候，它们就会退到洞里去，用湿沙或湿泥把洞口堵住。雄性提琴蟹有一只螯很大，雌性提琴蟹的两只螯都很小。

a. 陆寄居蟹　b. 少女蟹 ▶▶
c. 提琴蟹

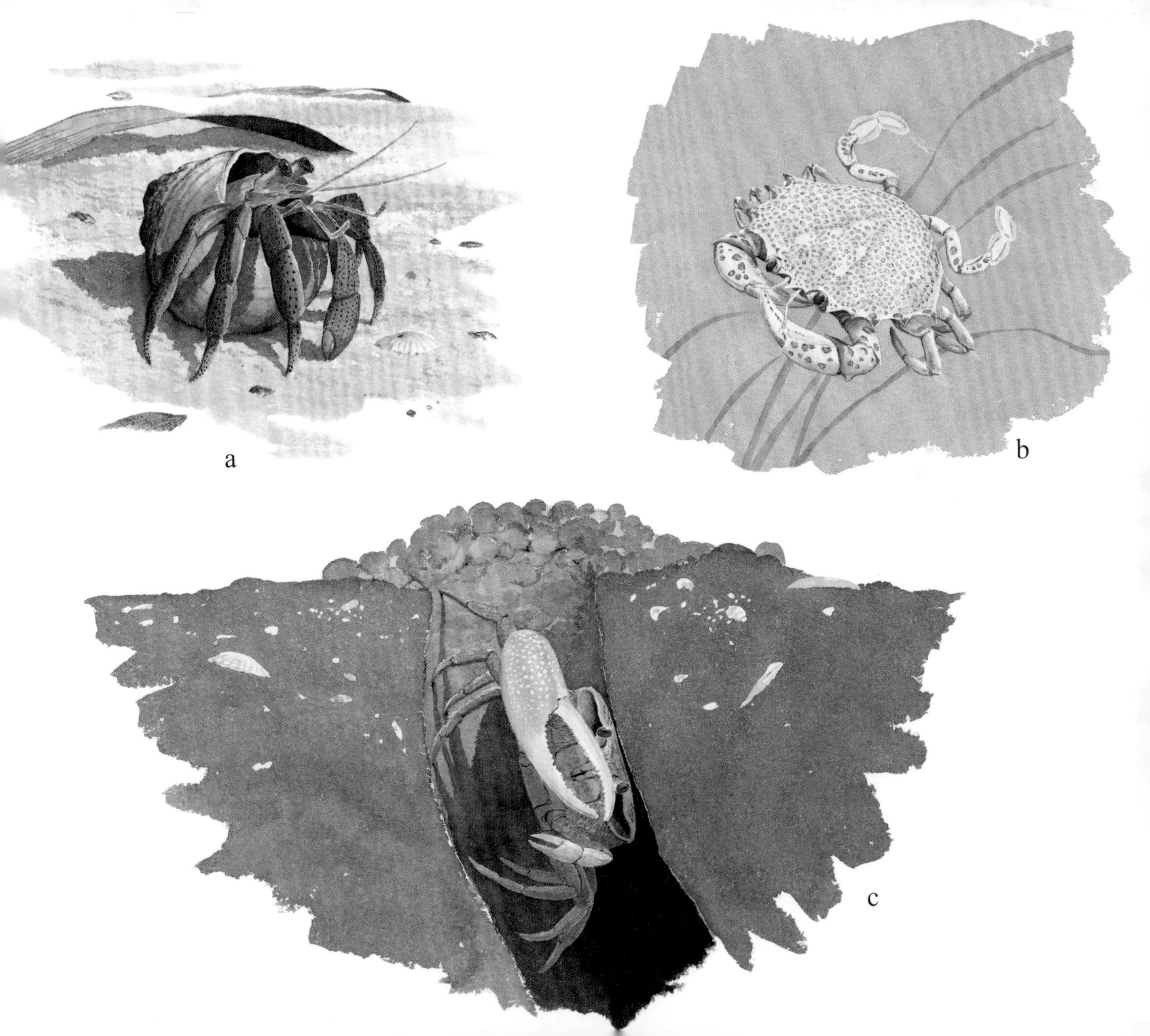
a
b
c

甲壳动物强壮的螯不仅起到保护作用，而且还能帮助它们获取食物。

有的甲壳动物长着一对大大的螯，这让它们看起来非常威武，同时，还能让猎食者难以捕食它们。蓝蟹体宽约 23 厘米，行动敏捷迅速。当受到威胁时，它会将两只大钳子一开一合，用以示威。蓝蟹生活在河口湿地等半盐水海域或者浅海中。

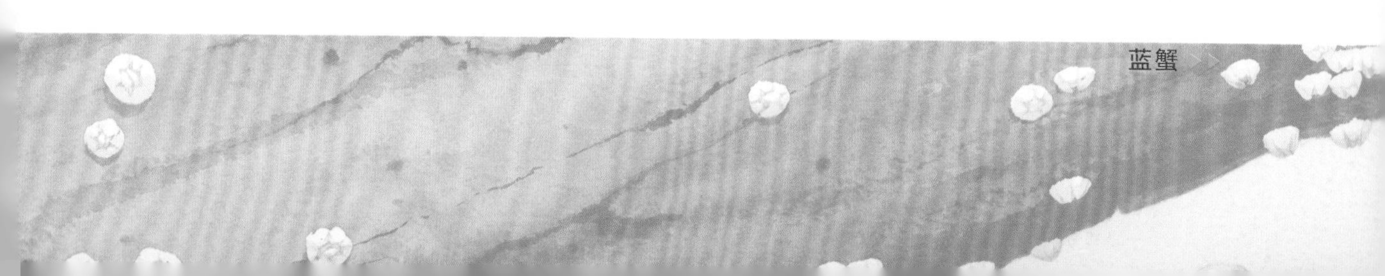
蓝蟹

有些甲壳动物的足在遭到损伤后，还能再长出来。

有的甲壳动物在失去附肢后，还能重新长出新的附肢，这被称为再生。石蟹体宽 12~17 厘米，它的附肢损伤后很快就能再生。失去附肢的石蟹只需两个以上的蜕壳期便可以长出新的附肢。蚯蚓、壁虎、海星等很多动物也都有这种再生能力。

石蟹 ▶▶

很多甲壳动物都是猎食者——它们猎食其他动物。

艾氏滨蟹体宽约 7 厘米，生活在河口或浅海水域 。它们常待在岩石或海床上等待鱼群游过，一有机会便迅速探出钳子抓住小鱼 。艾氏滨蟹原产于地中海海滨带，它们的入侵给美国的东西海岸造成了相当大的麻烦 。它们掠食多种当地生物，喜欢吃蛤蜊，还会与幼小的牡蛎等物种争夺食物，对生态系统造成了严重破坏 。

a. 艾氏滨蟹　b. 紫海胆 ▶▶

a
b

有的甲壳动物是食腐动物，它们以掉落的枯枝落叶、动物遗体或粪便为食。

沙蟹一般在晚上搜集食物，它们通常会吃被潮水冲上岸的植物碎片和腐烂的小动物尸体（鱼、虾、软甲动物等），也吃藻类。它们生活在沙滩上，在涨潮线以上的干燥的沙地挖洞穴居。沙蟹身体的颜色可以与沙滩融为一体，行动又很敏捷，这让它们看起来好像能突然出现，又“唰”地消失不见。因此，它们又被称为鬼蟹。

沙蟹 ▶▶

大部分甲壳动物生活在海里。

鹅颈藤壶体长约 15 厘米，是海洋中的甲壳动物。鹅颈藤壶常常用像鹅颈一样又长又有弹性的茎将自己附着在岩石或漂浮物上。通常，在海上漂浮多时的物体，往往浑身会覆满了几千只鹅颈藤壶。

有的甲壳动物生活在溪流、池塘和湖泊里。

螯虾体长一般为 10~17 厘米，它们生活在淡水水域，小溪和池塘边的石缝里常常会发现它们的身影。到了繁殖季节，螯虾喜欢挖洞。这些洞通常位于池塘水平面以上，深度足以让洞底保持有积水。螯虾也被叫作小龙虾或喇蛄虾。

螯虾 ▶▶
褐鳟

有的甲壳动物生活在陆地上。

体长不足 2 厘米的球潮虫居住在陆地上。它们一般生活在干燥、阳光充足处，落叶层中或林区边缘。球潮虫喜欢在夜间活动，白天则躲在朽木、石缝里或落叶的下面。它们一般吃动物的尸体和腐烂的枯枝落叶。遇到惊扰时，球潮虫会卷成小球状。

球潮虫

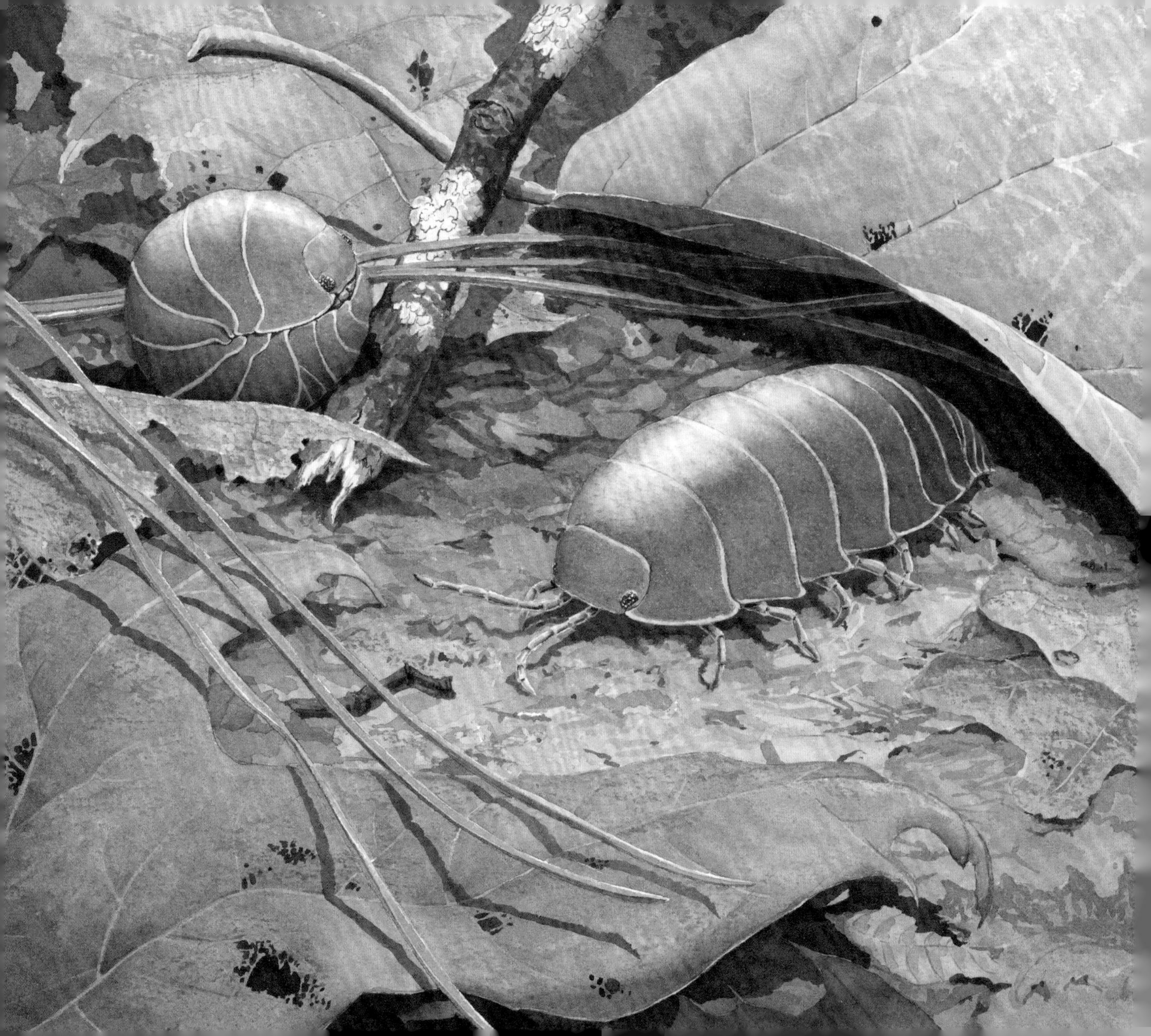

甲壳动物为动物和人类提供了食物。

磷虾一般体长1~2厘米，是甲壳动物中的小个子，常常几百万只聚成一大群，在冰冷的大洋里一起巡游。它们为很多动物提供了食物，其中包括世界上最大的动物——蓝鲸。一头蓝鲸一天能吃掉4吨磷虾。另外，磷虾还是企鹅、海豹、姥鲨等很多动物的美餐，被誉为“世界未来的食品库”。

a. 磷虾　b. 蓝鲸 ▶▶
c. 黄鳍金枪鱼

b
c
a

甲壳动物是自然界重要的组成部分。

甲壳动物是食物链的重要组成部分，白虾是雪鹭的重要食物之一。图画中的雪鹭刚刚捕到一只白虾。湿地环境的污染和破坏，不仅威胁甲壳动物的生存，而且还会威胁以捕食甲壳动物为生的物种的生存。同时，虾、蟹等一些甲壳动物还是人类商业捕捞的重要物种，它们为人类提供了财富和食物，人类应该好好保护它们。

a.白虾　b.雪鹭 ▸▸

a
b

亲爱的小朋友：

读完了这本动物绘本，可以试着回答封底的三个问题吗？这套绘本共有 8 册，是献给你们的一套野外观察手绘本。希望你们能借助这套绘本熟悉动物朋友，爱上动物朋友，从而走进大自然亲近动物朋友。在此我们愿为你们打开一扇通往美好动物世界的大门，给你们源源不断的启发和探索机会！

下面是一些能让我们了解更多动物知识的相关资料，供大家参考。

参考资料

野外观察活动组织机构

- 北京自然博物馆 *http://www.bmnh.org.cn*
- 自然之友 *http://www.fon.org.cn*
- 自然图书馆 *http://site.douban.com/144877*
- 乐享自然 *http://www.lxzrchina.com*
- 自然野趣 *http://site.douban.com/213048*

与作者的对话

Q: 您为什么要用这种形式的图文搭配来创作这套书呢？

A: 这套书是我们为小读者们创作的。我们希望这套野外观察手绘本的主体部分简单、清晰、易懂。同时为了便于家长更好地指导孩子，启发孩子，让孩子探求更多有关动物和家园的知识，我们在书中做了一些相关的知识链接。

Q: “我的小小自然博物馆”系列要被介绍给中国小读者了，请问您有什么要对他们说的？

A: 我们希望中国小读者能喜欢这套书，并从书里学到东西。自然世界美妙无比，需要我们的珍惜和保护。

我的小小自然博物馆

生命奇迹

爬行动物

[美]凯瑟琳·希尔/著　[美]约翰·希尔/绘　周鑫　牧歌/译

中国纺织出版社有限公司 | 国家一级出版社
全国百佳图书出版单位

图书在版编目（CIP）数据

我的小小自然博物馆. 生命奇迹. 爬行动物 /（美）凯瑟琳·希尔著；（美）约翰·希尔绘；周鑫，牧歌译. -- 北京：中国纺织出版社有限公司，2019.11
ISBN 978-7-5180-6595-0

Ⅰ. ①我… Ⅱ. ①凯… ②约… ③周… ④牧… Ⅲ. ①自然科学－儿童读物②爬行纲－儿童读物 Ⅳ. ①N49 ②Q959.6-49

中国版本图书馆CIP数据核字(2019)第187988号

First published in the United States under the title
ABOUT REPTILES: A GUIDE FOR CHILDREN by Cathryn Sill,illustrated by John Sill.

原文书名：About Reptiles
原书ISBN：9781561452330
原出版社：Peachtree Publishers
原作者名：Cathryn Sill John Sill

著作权合同登记号：图字：01-2019-6200

选题策划：尚童童书　责任编辑：姚　君　责任校对：寇晨晨
责任印制：储志伟　特约编辑：刘凌紫　特约美编：周含雪

中国纺织出版社有限公司出版发行
地址：北京市朝阳区百子湾东里 A407 号楼　邮政编码：100124
销售电话：010—67004422　传真：010—87155801
http://www.c-textilep.com
中国纺织出版社天猫旗舰店
官方微博 http://weibo.com/2119887771
北京尚唐印刷包装有限公司印刷　各地新华书店经销
2019 年 11 月第 1 版第 1 次印刷
开本：889 × 720　1/16　印张：2.5
字数：20 千字　定价：112.00 元（全 8 册）

凡购本书，如有缺页、倒页、脱页，由本社图书营销中心调换

作者介绍

凯瑟琳·希尔（Cathryn Sill）

凯瑟琳·希尔毕业于美国西卡罗莱纳大学，担任小学教师三十年。她与丈夫约翰·希尔共同创作了《北美罕见鸟类观察指南》《观鸟之外》，“你好！动物朋友”系列、“你好！地球家园”系列等科普书，获得了北卡罗来纳州作家奖、联合童书会（自然世界）优选图书、美国教师协会杰出科普童书奖等众多奖项和荣誉。

约翰·希尔（John Sill）

约翰·希尔拥有北卡罗来纳大学野生动物学学位，他既是一位野生动物专家，也是一位卓越的画家，除了与妻子凯瑟琳·希尔共同创作了一系列科普图书，他还是《鸟之绝唱》《鸟之世界》等经典鸟类图书的作者，并举办过各种野生动物插画展。他笔下的棕尾蜂鸟还被美国鸟类协会评为“2014 年最佳鸟绘”。

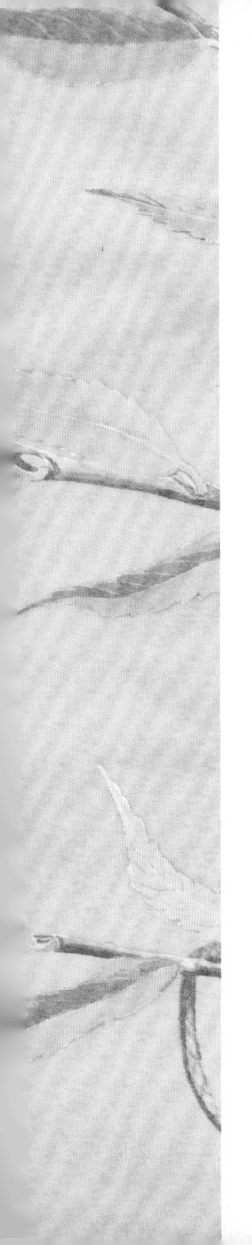

爬行动物的皮肤既干燥又粗糙，上面覆盖着鳞片。

爬行动物的鳞片是由皮肤的褶皱形成的。它们的皮肤上几乎没有气孔，这样可以防止体内的水分蒸发，所以它们的皮肤是干燥的。有些爬行动物需要蜕皮。蜥蜴蜕皮时，老皮破裂成小片，而蛇蜕皮时，会“脱”下长长的一条完整的皮。糙鳞绿树蛇是树上的居民，它们靠吃昆虫、蠕虫和蜘蛛为生。

糙鳞绿树蛇 ▶▶

有的爬行动物生有坚硬的骨质板甲。

龟甲是龟类最主要的特征，龟甲对龟有保护作用。东部箱龟生活在湿润的林区、湿草地和漫滩。据记载，箱龟能活一百多年。它们以浆果、蘑菇、蛞蝓（kuò yú）和蚯蚓为食。

东部箱龟

有的爬行动物长着短腿。

得克萨斯角蜥四肢比较短，外表长得像蟾蜍，因此也被叫作“角蟾蜍”。它们身上凸起的刺状鳞片是重要的防御武器。当遇到十分危急、关系到生死存亡的情况时，它们会大量吸气，使自己的身躯迅速膨胀，然后眼角边的窦（dòu）突然破裂，从眼睛里喷出鲜血来，射程可达1~2米，以此来惊吓敌人，并趁机逃之夭夭。

得克萨斯角蜥 ▶▶

有的爬行动物根本没有腿。

脆蛇蜥是没有四肢的蜥蜴，因尾巴易断而得名，一旦它们的尾巴被抓住，就会自动碎成好几段。脆蛇蜥喜欢栖息在干燥的草地，或干燥、开阔的林地中。

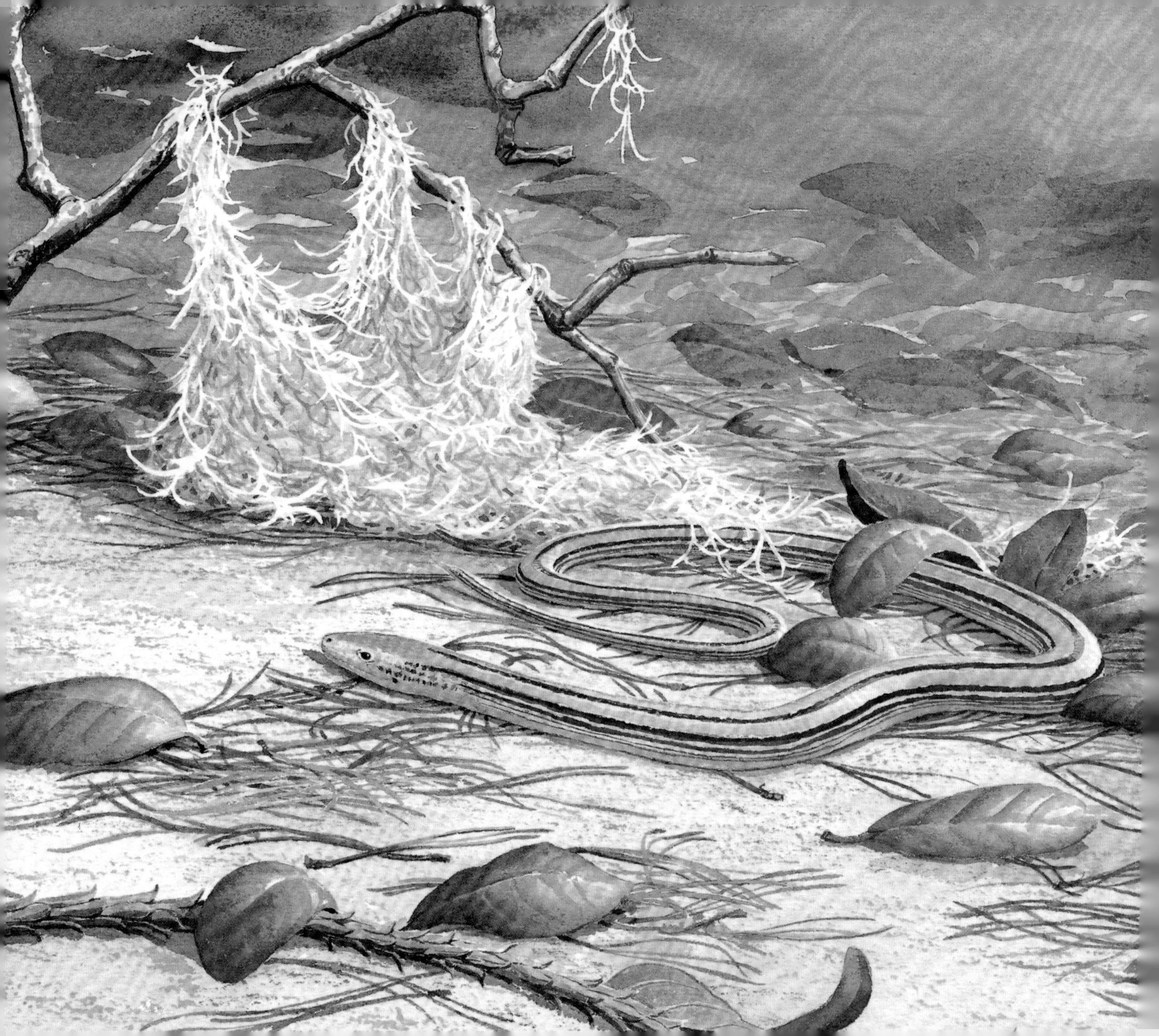

有的爬行动物用爪子前进。

条纹石龙子喜欢在林地中湿润的地面上栖息。在花园和房子周围也可能发现它们。小条纹石龙子的尾巴是亮蓝色的，等它们长大了，尾巴就会变成棕色。

条纹石龙子 ▶▶

有的爬行动物用桨状肢游泳。

绿海龟生活在大西洋、印度洋和太平洋的温暖水域中。它们的数量正在急剧下降，因为绿海龟的肉、身上的角质板，还有体内的油脂都可以被人类所利用。

绿海龟 ▶▶

爬行动物需要温暖的生存环境。

与哺乳动物和鸟类这些恒温动物不同，爬行动物的体温会随周围的环境变化而变化。环颈蜥栖息在长有灌木、多岩石而且干燥的向阳地带。它们好斗，喜爱吃昆虫以及其他种类的蜥蜴，有时甚至还吃小蛇。当要逃离捕食者时，它们会用后肢奔跑，看起来就像一只微型的恐龙。

环颈蜥 ▶▶

在冬日寒冷的天气里，爬行动物靠冬眠度过。

锦龟是北美小池塘里最常见的龟类。它们生活在水流缓慢的淡水中，常常能看见它们在躺倒的树干上晒太阳。锦龟在冬季进入冬眠，地点通常在有淤泥的河底。

锦龟 ▶▶

大部分爬行动物都是肉食动物。

玉米锦蛇之所以得名，是因为它腹部的花格状斑纹看起来很像玉米。玉米锦蛇是攀缘高手，不过在地面上或啮齿动物的地下洞穴里也常常可以发现它们。

玉米锦蛇

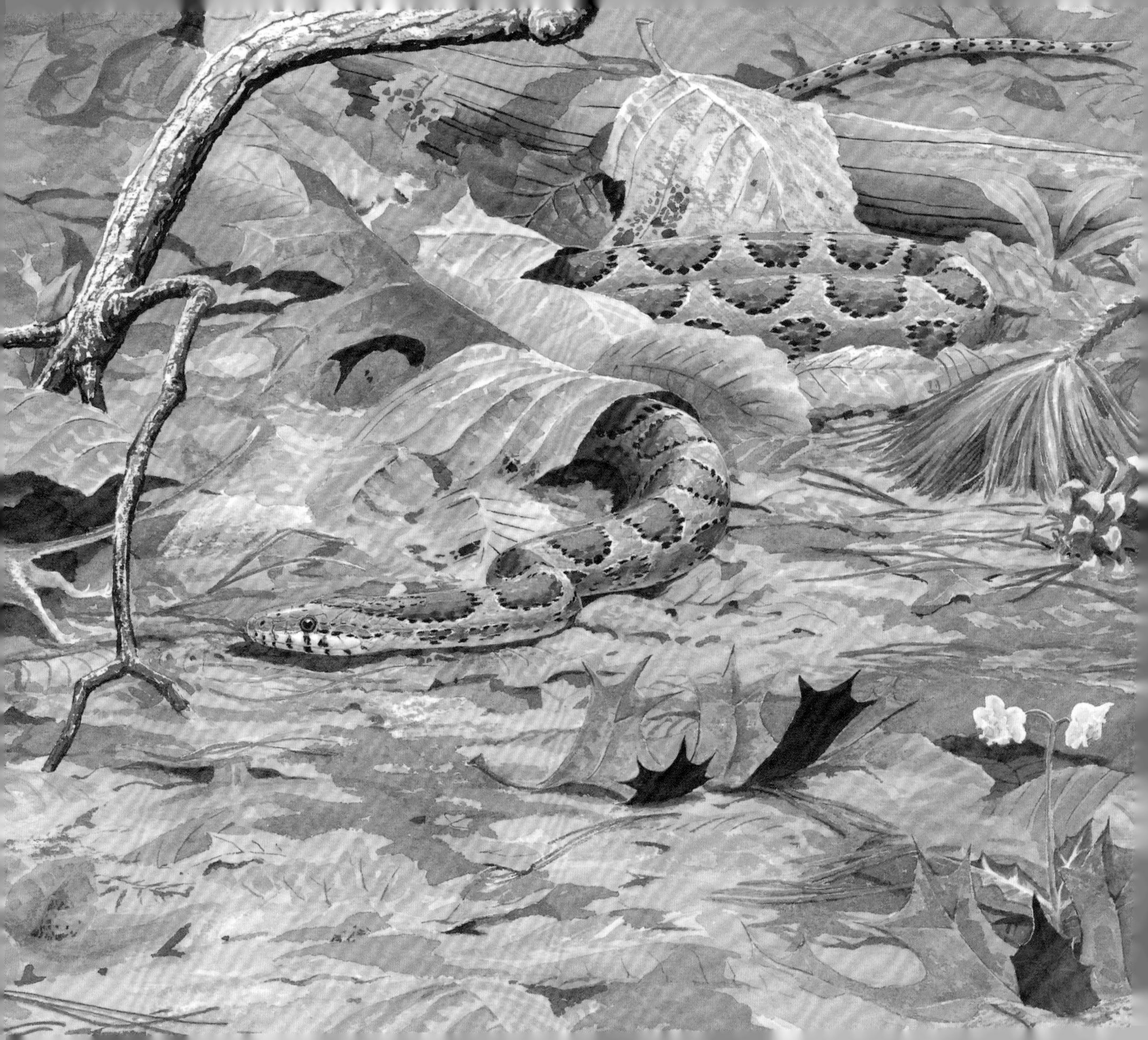

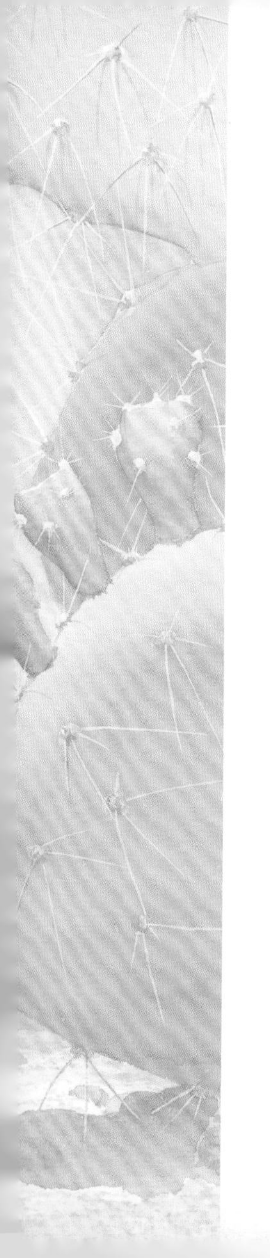

少数爬行动物既吃肉也吃植物。

沙漠地鼠龟会通过挖洞来躲避白天的高温。碰到天气炎热的情况，它们会在早晨和傍晚觅食。沙漠地鼠龟是濒临灭绝的物种，人类应该好好保护它们，不能随意捕捉它们，更不能将沙漠地鼠龟当作宠物在市场里出售。

有的爬行动物用毒液来捕捉猎物。

东部菱（líng）背响尾蛇是北美洲体形最大、毒性最强的蛇。东部菱背响尾蛇可长达2.4米以上。它们以兔子、其他小型啮齿动物和鸟类为食。

东部菱背响尾蛇

爬行动物的宝宝是从蛋里孵出来的。

美国短吻鳄是北美洲最大的爬行动物。成年的美国短吻鳄体长通常在1.8~2.7米。美国短吻鳄喜欢挖洞穴居，它们用嘴和带爪的脚钻凿泥土。雌性短吻鳄会在枯萎的植物上筑巢，并在那里孵蛋。它们每次会产下20~50个蛋，蛋孵化时，雌美国短吻鳄会守在窝旁一个半月到两个月，直到鳄鱼宝宝破壳而出。

美国短吻鳄 ▶▶

有的爬行动物，它们的卵是在妈妈身体里孵化的。小宝宝孵化后，才从妈妈身体里钻出来。

袜带蛇是北美洲分布最广的蛇，它们身上有像袜带一样的条纹图案。袜带蛇在各种各样的栖息地活动，包括草场、湿地、林地、河流和排水沟旁，甚至农场、城市和公园都是它们活动的场所。袜带蛇属于卵胎生的蛇类。

袜带蛇

有些爬行动物的宝宝一孵化后，便能独立生活了。

蠵（xī）龟是北美附近水域最常见的海龟。小龟刚一出生，便要凭着本能奔向大海。

蠵龟体长可达1~2米，一般重约100千克。如今，蠵龟的生存也面临着威胁，它们的很多筑巢区都被海滩开发项目所破坏。

蠵龟 ▶▶

爬行动物对我们非常重要。

绿安乐蜥在美国南部分布很多。篱笆上、旧建筑周围、灌木及矮小的树上都能看见它们的身影。绿安乐蜥以小型昆虫和蜘蛛为食。爬行动物能吃很多破坏作物的啮齿动物和昆虫，为自然和人类做出了巨大的贡献。

绿安乐蜥

亲爱的小朋友：

读完了这本动物绘本，可以试着回答封底的三个问题吗？这套绘本共有 8 册，是献给你们的一套野外观察手绘本。希望你们能借助这套绘本熟悉动物朋友，爱上动物朋友，从而走进大自然亲近动物朋友。在此我们愿为你们打开一扇通往美好动物世界的大门，给你们源源不断的启发和探索机会！

下面是一些能让我们了解更多动物知识的相关资料，供大家参考。

参考资料

野外观察活动组织机构

- 北京自然博物馆 *http://www.bmnh.org.cn*
- 自然之友 *http://www.fon.org.cn*
- 自然图书馆 *http://site.douban.com/144877*
- 乐享自然 *http://www.lxzrchina.com*
- 自然野趣 *http://site.douban.com/213048*

与作者的对话

Q: 您为什么要用这种形式的图文搭配来创作这套书呢?

A: 这套书是我们为小读者们创作的。我们希望这套野外观察手绘本的主体部分简单、清晰、易懂。同时为了便于家长更好地指导孩子,启发孩子,让孩子探求更多有关动物和家园的知识,我们在书中做了一些相关的知识链接。

Q: “我的小小自然博物馆”系列要被介绍给中国小读者了,请问您有什么要对他们说的?

A: 我们希望中国小读者能喜欢这套书,并从书里学到东西。自然世界美妙无比,需要我们的珍惜和保护。

我的小小自然博物馆

生命奇迹

软体动物

[美]凯瑟琳·希尔/著　[美]约翰·希尔/绘　周鑫　牧歌/译

中国纺织出版社有限公司 | 国家一级出版社
全国百佳图书出版单位

图书在版编目（CIP）数据

我的小小自然博物馆. 生命奇迹. 软体动物 /（美）凯瑟琳·希尔著；（美）约翰·希尔绘；周鑫，牧歌译. -- 北京：中国纺织出版社有限公司，2019.11
ISBN 978-7-5180-6595-0

Ⅰ.①我… Ⅱ.①凯… ②约… ③周… ④牧… Ⅲ.①自然科学－儿童读物②软体动物－儿童读物 Ⅳ.①N49②Q959.21-49

中国版本图书馆CIP数据核字(2019)第187983号

First published in the United States under the title
ABOUT MOLLUSKS: A GUIDE FOR CHILDREN by Cathryn Sill,illustrated by John Sill.

原文书名：About Mollusks
原书ISBN：9781561454068
原出版社：Peachtree Publishers
原作者名：Cathryn Sill John Sill

著作权合同登记号：图字：01-2019-6200

选题策划：尚童童书　责任编辑：姚　君　责任校对：寇晨晨
责任印制：储志伟　特约编辑：刘凌紫　特约美编：周含雪

中国纺织出版社有限公司出版发行
地址：北京市朝阳区百子湾东里 A407 号楼　邮政编码：100124
销售电话：010—67004422　传真：010—87155801
http://www.c-textilep.com
中国纺织出版社天猫旗舰店
官方微博 http://weibo.com/2119887771
北京尚唐印刷包装有限公司印刷　各地新华书店经销
2019 年 11 月第 1 版第 1 次印刷
开本：889×720　1/16　印张：2.5
字数：20 千字　定价：112.00 元（全 8 册）

凡购本书，如有缺页、倒页、脱页，由本社图书营销中心调换

作者介绍

凯瑟琳·希尔（Cathryn Sill）

凯瑟琳·希尔毕业于美国西卡罗莱纳大学，担任小学教师三十年。她与丈夫约翰·希尔共同创作了《北美罕见鸟类观察指南》《观鸟之外》，“你好！动物朋友”系列、“你好！地球家园”系列等科普书，获得了北卡罗来纳州作家奖、联合童书会（自然世界）优选图书、美国教师协会杰出科普童书奖等众多奖项和荣誉。

约翰·希尔（John Sill）

约翰·希尔拥有北卡罗来纳大学野生动物学学位，他既是一位野生动物专家，也是一位卓越的画家，除了与妻子凯瑟琳·希尔共同创作了一系列科普图书，他还是《鸟之绝唱》《鸟之世界》等经典鸟类图书的作者，并举办过各种野生动物插画展。他笔下的棕尾蜂鸟还被美国鸟类协会评为“2014 年最佳鸟绘”。

软体动物有着柔软、湿滑、无骨的身体。

软体动物在动物界里独占一个门类——软体动物门，是动物王国中很大的一个分支，其中包括腹足纲（海螺和蛞蝓等）、双壳纲（蛤和扇贝等）和头足纲（鱿鱼和章鱼等）等。世界上有约 10 万种软体动物，从小小的海螺到巨大的鱿鱼和章鱼。巨型太平洋章鱼生活在北美太平洋沿岸，靠近岩石海岸和潮汐池。章鱼的大脑比其他动物更大、更复杂。实验表明，它们能通过学习来完成解迷宫和从罐子里取出盖子等任务。

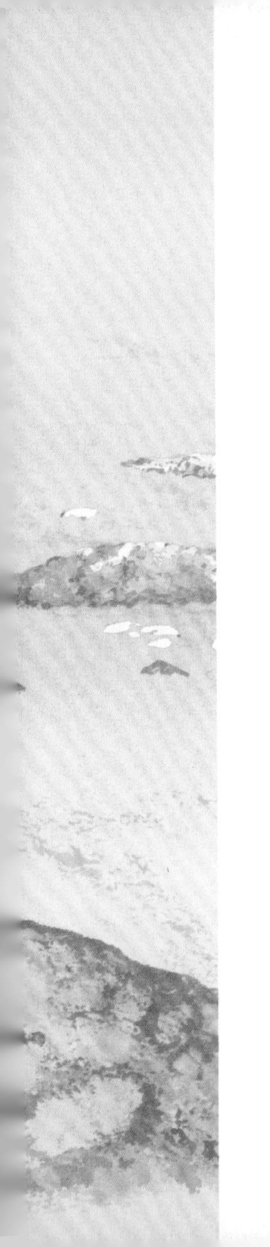

大多数软体动物有着坚硬的外壳来保护它们柔软的躯体。

软体动物用各种外壳来保护身体。有些软体动物利用外壳将自己伪装起来，融入周围环境，使得狩猎者很难探测到。还有一些软体动物的外壳很光滑，使它们能够在被敌人抓住时滑出去。天王赤旋螺的外壳上长着凸起和尖刺，会让捕食者觉得它体型过大，很难吞咽。天王赤旋螺是北美最大的螺，它们生活在从北卡罗来纳到得克萨斯海岸低潮线以下浅水区的沙质海底。

天王赤旋螺 ▶▶

软体动物的壳是从一种叫作外套膜的特殊器官中长出来的。外套膜覆盖了它的全身，是一种类似皮肤的遮盖物。

软体动物的外壳可能有一片（比如蜗牛、海螺）、两片（比如蛤、牡蛎）或八片（比如石鳖）。外套膜使外壳随着软体动物的生长而生长。在软体动物死后的很长一段时间里，外壳依然会存在。火烈鸟舌蜗牛的外套膜十分鲜艳，可以完全覆盖住它们白色的外壳。这种软体动物生活在海扇和海鞭上，以珊瑚虫为食，分部在大西洋沿岸，从美国北卡罗来纳州到巴哈马群岛的浅水区。

火烈鸟舌蜗牛 ▶▶

有些软体动物没有外壳。

外套膜能够保护没有壳的软体动物，比如海蛞蝓，也称为裸鳃类。它们在刚孵化时有外壳，但成年后外壳就不见了。许多海蛞蝓拥有明亮的色彩和奇怪的形状。图中的这种粉红色的海蛞蝓生活在北美太平洋沿岸的低潮线附近，以一种粉红色的苔藓虫（一种小型水生动物）为食，它们产的卵数量很多，是粉色的。

粉红色的海蛞蝓 ▶▶
小条纹藤壶

幼年的软体动物是从卵里出生的。

有些软体动物产的卵会浮在水面上；有的则把卵集中产在海草或岩石上；也有些软体动物会把卵产在带状的胶质卵囊或者卵簇里；还有些软体动物的卵是在母亲体内成长的。海螺在保护壳里产卵，它们的空蛋壳串经常被冲到海滩上。左旋香螺生活在从美国北卡罗来纳州到美国得克萨斯州海岸的沙质底部，它们是为数不多的开口在外壳左边的海螺之一。

左旋香螺 ▶▶
左旋香螺卵囊

大部分软体动物生活在水里。

软体动物绝大部分生活在海里，也有些生活在淡水、溪流、池塘和湖泊中。紫螺能吹出一种特殊的气泡，它们把硬化后的气泡当成筏子，附着在气泡底部，漂浮在海面上寻找食物。紫螺分布在世界各地的热带和亚热带水域。

紫螺 ▶▶

生活在陆地上的软体动物会分泌黏液来帮助它们向前移动。

陆地上的软体动物通常生活在潮湿的地方。它们的皮肤会分泌黏液，当它们在地上慢慢地爬行时，黏液会留下一条黏糊糊的轨迹。香蕉蛞蝓原产于北太平洋海岸潮湿的森林地面，是北美最大的陆生软体动物，它们可以用 7.6 米每小时的速度移动。

黏液能保护软体动物的身体不会变干。

陆生软体动物会因为湿润的身体变干而死亡。在旱季，树蜗牛会附着在树干上，用黏液把自己封起来，以此来保持身体的湿润，这段时期被称为夏眠。如今，树蜗牛正因为贝壳收集者和栖息地的丧失而变得越来越稀少。

树蜗牛 ▶▶

大多数软体动物拥有被称为“足”的肌肉组织，能帮助它们在不同地点间穿梭。

很多软体动物用“足”爬行；有些则把“足”楔在岩石中间，并拉动它们的身体；也有些软体动物会用“足”撬开蛤蜊或牡蛎吃。紫金钟螺的原产地是北美太平洋沿岸，它们是一种移动速度很快的软体动物。在一项实验中，当它们被放到海藻等植物的底部时，其中一些紫金钟螺在24小时内移动了9米。

紫金钟螺 ▶▶

有些软体动物用它们的“足”钻进沙子或泥土里。

斧蛤会追随潮汐，当海浪把它们抛到海滩上时，它们就会躲藏在沙子里，从水中过滤食物。这些色彩斑斓的软体动物，经常出现在美国东南部的海滩上。

斧蛤 ▶▶

有些软体动物通过用身体吸水再快速喷出的方式来移动。

太平洋粉扇贝通过打开外壳吸水来“游”离危险，然后它们会再把外壳合起来，把水从身体两侧喷射出来，推动自己前进。太平洋粉扇贝通常看起来并不是粉红色的，因为它们被海绵覆盖着，海绵为扇贝提供了伪装，而扇贝则帮助海绵躲避捕食者。太平洋粉扇贝生活在东太平洋。

太平洋粉扇贝 ▶▶
蝙蝠海星

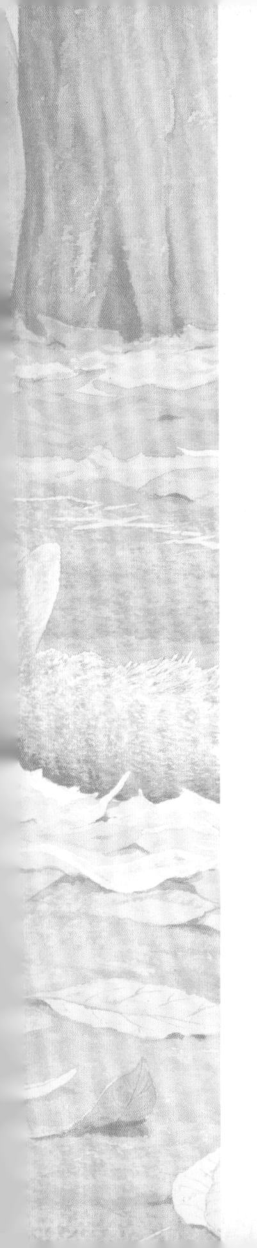

另一些软体动物把自己贴在一个地方不动。

牡蛎幼体（刚孵出的牡蛎）在找到栖息地之前会四处活动，它们用“足”摩擦它所选择的地方，分泌出一种黏胶把壳固定在那里。在那之后，它们唯一的动作就是打开和关闭外壳来获取食物。从史前时代开始，东部牡蛎就一直是人们重要的食物来源。然而到了现在，大西洋沿岸的许多大型牡蛎养殖场却因为污染处于危险之中。

东部牡蛎 ▶▶
象牙藤壶

很多软体动物是捕食者——它们吃其他动物。

头足纲软体动物的捕猎方式是用触手捕捉猎物，然后用喙状的嘴去咬。鱿鱼就是头足纲软体动物，喜欢成群结伴，用触手捕捉猎物。其中，北方短鳍鱿鱼生活在从美国北卡罗来纳州到纽芬兰的大西洋沿岸，它们行动迅速，会组队围攻成群的小鱼。

北方短鳍鱿鱼 ▶▶
灰西鲱

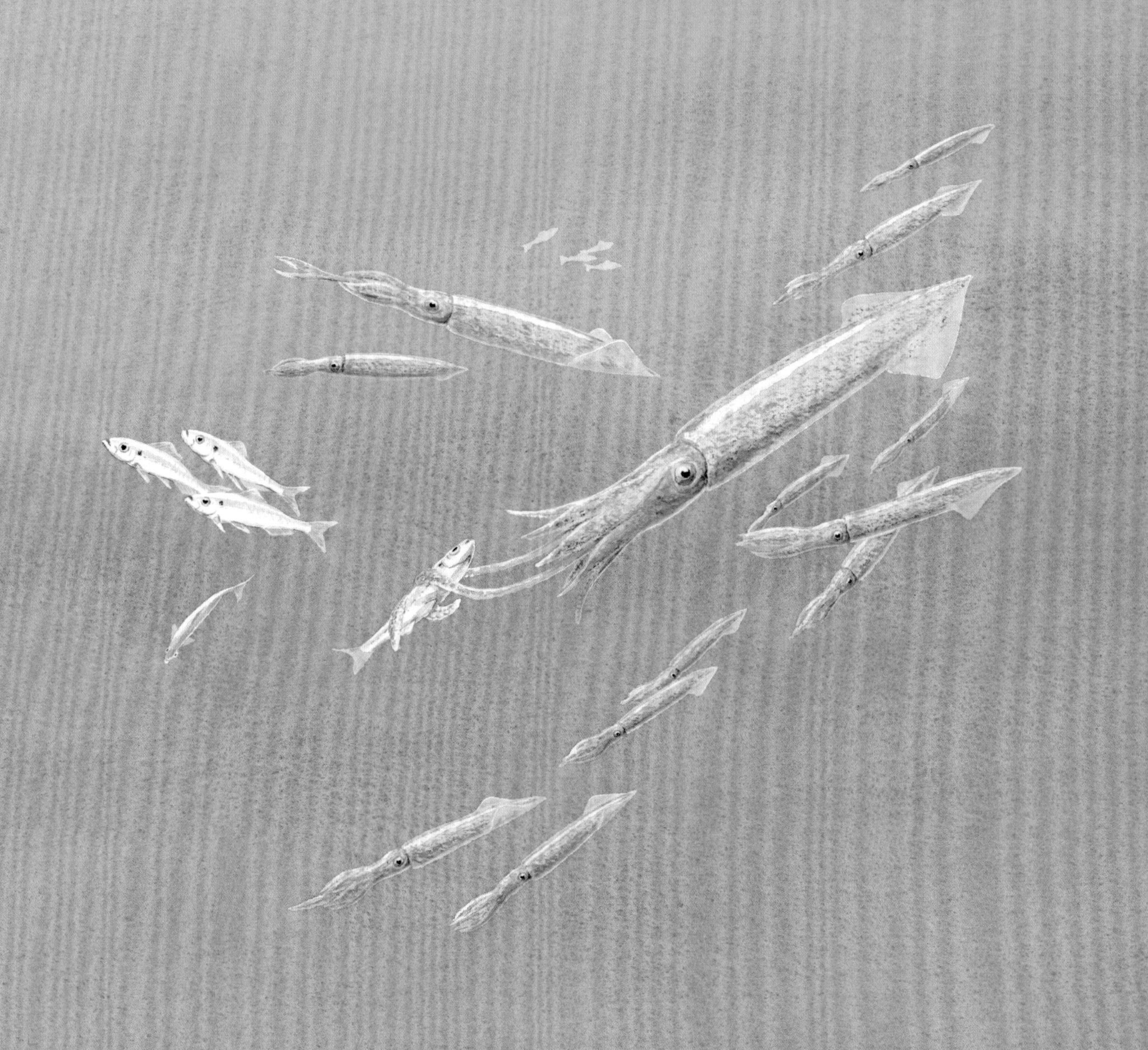

有两片外壳的软体动物会从它们周围的水中过滤出食物。

双壳类软体动物在进食的过程中，会通过从壳中间吸水来获取小型动植物。水能通过外壳的开口边缘吸入，也能通过虹吸管吸入。砂海螂能隐藏在 25 厘米深的沙子或泥土中，将它们的虹吸管探出去。当砂海螂把虹吸管收回壳里的时候，会有一股水流从洞里喷出去。这些蛤在北美两岸都被发现过。

砂海螂 ▶▶

一些软体动物长着粗糙的舌头，可以把植物刮下来一些吃掉。

许多软体动物长有“齿舌”，这是一种有一排排细小牙齿的舌头，它们能用舌头刮掉一些植物或肉来吃。食肉软体动物的舌头上牙齿很少，但锋利而坚硬；食草软体动物的舌头上长着数千颗牙齿。花园蜗牛是从欧洲引入北美的，是很多花园植物的克星，因为它们喜欢吃多叶植物。

软体动物为人和许多动物提供食物。

软体动物是食物链的重要组成部分，因为它们的数量众多，可以为许多不同栖息地的生物提供食物。人类采集蛤、牡蛎、蜗牛和其他软体动物作为食物。许多动物以软体动物为食。佛罗里达苹果螺生活在淡水沼泽、池塘和河流中，是蜗鸢的主要食物。蜗鸢有长而弯曲的嘴，能轻松地把软体动物的肉从壳里拽出来。

佛罗里达苹果螺 ▶▶
蜗鸢

软体动物是我们生态环境的重要一环，保护它们和它们的栖息地非常重要。

软体动物有许多用途。自古以来，人们就用软体动物的外壳来制作各种各样的产品，包括货币、珠宝、纽扣和钙补充剂。如今，软体动物是渔业的重要组成部分。一些软体动物还能过滤水中的有毒物质，帮助水域保持水质。然而，随着人们开始流行收集贝壳，使许多地区的软体动物数量大为减少。条纹石鳖的外壳由 8 块壳板组成，壳板之间像盔甲一样紧密连接在一起。条纹石鳖很难被发现，因为它们的颜色与一种它们赖以为生的藻类非常接近。但是为了看上它们一眼，还是值得去仔细寻找的。条纹石鳖生活在北美太平洋沿岸的潮间带岩石地区。

条纹石鳖 ▸▸

亲爱的小朋友：

读完了这本动物绘本，可以试着回答封底的三个问题吗？这套绘本共有8册，是献给你们的一套野外观察手绘本。希望你们能借助这套绘本熟悉动物朋友，爱上动物朋友，从而走进大自然亲近动物朋友。在此我们愿为你们打开一扇通往美好动物世界的大门，给你们源源不断的启发和探索机会！

下面是一些能让我们了解更多动物知识的相关资料，供大家参考。

参考资料

野外观察活动组织机构

- 北京自然博物馆 *http://www.bmnh.org.cn*
- 自然之友 *http://www.fon.org.cn*
- 自然图书馆 *http://site.douban.com/144877*
- 乐享自然 *http://www.lxzrchina.com*
- 自然野趣 *http://site.douban.com/213048*

与作者的对话

Q: 您为什么要用这种形式的图文搭配来创作这套书呢?

A: 这套书是我们为小读者们创作的。我们希望这套野外观察手绘本的主体部分简单、清晰、易懂。同时为了便于家长更好地指导孩子，启发孩子，让孩子探求更多有关动物和家园的知识，我们在书中做了一些相关的知识链接。

Q: “我的小小自然博物馆”系列要被介绍给中国小读者了，请问您有什么要对他们说的?

A: 我们希望中国小读者能喜欢这套书，并从书里学到东西。自然世界美妙无比，需要我们的珍惜和保护。

我的小小自然博物馆

生命奇迹

有袋动物

[美]凯瑟琳·希尔/著　[美]约翰·希尔/绘　周鑫　牧歌/译

中国纺织出版社有限公司 | 国家一级出版社
全国百佳图书出版单位

图书在版编目（CIP）数据

我的小小自然博物馆. 生命奇迹. 有袋动物 /（美）凯瑟琳·希尔著；（美）约翰·希尔绘；周鑫，牧歌译. —北京：中国纺织出版社有限公司，2019.11
ISBN 978-7-5180-6595-0

Ⅰ. ①我… Ⅱ. ①凯… ②约… ③周… ④牧… Ⅲ. ①自然科学－儿童读物②有袋目－儿童读物 Ⅳ. ①N49 ②Q959.82-49

中国版本图书馆CIP数据核字(2019)第188001号

原文书名：About Marsupials
原书ISBN：9781561454075
原出版社：Peachtree Publishers
原作者名：Cathryn Sill John Sill

著作权合同登记号：图字：01-2019-6200

选题策划：尚童童书　责任编辑：姚　君　责任校对：寇晨晨
责任印制：储志伟　特约编辑：刘凌紫　特约美编：周含雪

中国纺织出版社有限公司出版发行
地址：北京市朝阳区百子湾东里 A407 号楼　邮政编码：100124
销售电话：010—67004422　传真：010—87155801
http://www.c-textilep.com
中国纺织出版社天猫旗舰店
官方微博 http://weibo.com/2119887771
北京尚唐印刷包装有限公司印刷　各地新华书店经销
2019 年 11 月第 1 版第 1 次印刷
开本：889 × 720　1/16　印张：2.5
字数：20 千字　定价：112.00 元（全 8 册）

凡购本书，如有缺页、倒页、脱页，由本社图书营销中心调换

作者介绍

凯瑟琳 · 希尔（Cathryn Sill）

凯瑟琳 · 希尔毕业于美国西卡罗莱纳大学，担任小学教师三十年。她与丈夫约翰 · 希尔共同创作了《北美罕见鸟类观察指南》《观鸟之外》，“你好！动物朋友”系列、“你好！地球家园”系列等科普书，获得了北卡罗来纳州作家奖、联合童书会（自然世界）优选图书、美国教师协会杰出科普童书奖等众多奖项和荣誉。

约翰 · 希尔（John Sill）

约翰 · 希尔拥有北卡罗来纳大学野生动物学学位，他既是一位野生动物专家，也是一位卓越的画家，除了与妻子凯瑟琳 · 希尔共同创作了一系列科普图书，他还是《鸟之绝唱》《鸟之世界》等经典鸟类图书的作者，并举办过各种野生动物插画展。他笔下的棕尾蜂鸟还被美国鸟类协会评为“2014 年最佳鸟绘”。

有袋动物属于哺乳动物，它们刚生下来时只有一丁点儿大，弱小又无助。

灰大袋鼠出生时，只有一只蜜蜂那么大。但它们能够长到 1.8 米，几乎与成年人一样高。世界上现有大约 240 种有袋动物，它们大部分都生活在澳大利亚及其附近岛屿。有 70 余种有袋动物生活在南美洲的草原地带。

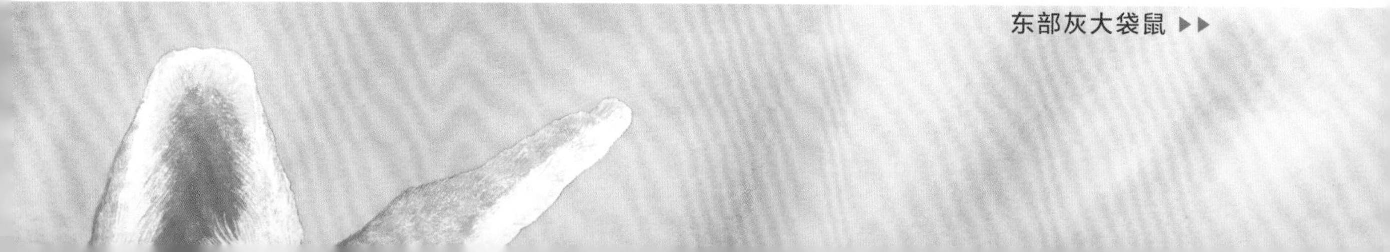

东部灰大袋鼠 ▶▶

大部分有袋动物妈妈的腹部都有一个育儿袋，宝宝能在里面安全地吃奶、长大。

小袋鼠出生后，会本能地顺着妈妈的尾部爬到妈妈腹部的育儿袋里。钻进育儿袋后，小袋鼠便会含住妈妈的乳头，吮吸妈妈的乳汁。小袋鼠会一直把奶头含在嘴里，直到6~7个月后才开始短时间地离开育儿袋学习生活，一年后才能正式“断奶”。离开育儿袋后，小袋鼠仍活动在袋鼠妈妈的周围。红颈袋鼠宝宝要在育儿袋里待上大约8个月，长到12~17个月大时，才不再需要妈妈的照顾。成年红颈袋鼠一般高1米左右。

红颈袋鼠 ▶▶

某些有袋动物的育儿袋袋口向后，长在靠近后腿的位置。

塔斯马尼亚袋熊体长 80~130 厘米，擅长挖掘洞穴，它们挖掘的地下隧道可达 20 米。塔斯马尼亚袋熊妈妈的育儿袋开口向后，这样在挖洞时，土就不会拨到宝宝身上。而且，塔斯马尼亚袋熊妈妈还能够收紧它们育儿袋内的肌肉，让宝宝在育儿袋里不掉出来。

有些有袋动物身上则没有育儿袋。

并非所有的有袋动物都拥有一个完全成熟的育儿袋。某些有袋动物的育儿袋只是一层覆盖乳头的皮肤，用来保护宝宝。而有些有袋动物甚至根本没有育儿袋，比如说棕袋鼩（qú），它们的外表就像是爱吃昆虫的小老鼠。宝宝们会吊在妈妈的乳头上，一直到它们太重了妈妈没法带着它们行动为止。到那时，棕袋鼩妈妈就会搭一个窝，出去捕食时把宝宝留在窝里。

棕袋鼩 ▶▶

有袋动物有多种行动方式，跳跃、攀爬、滑翔、奔跑，它们样样都行。

岩袋鼠生活在干旱、多岩石的丘陵山区。它们脚底长着又厚又粗糙的肉垫，能帮助它们抓紧坚硬且崎岖不平的岩石。岩袋鼠能够跳过近4米宽的大沟。

绵毛负鼠是一种南美洲的有袋动物。它们能用蜷曲着的尾巴缠住树枝，帮助自己向上爬行。

蜜袋鼯（wú）能在树间滑翔。它们的身体两侧有滑行膜，有利于它们从一个高树枝滑翔到另一个高树枝，长长的尾巴有助于掌握身体的方向和稳定性。因为喜欢吃树蜜、花蜜和水果这样的甜食，所以它们才被叫作“蜜”袋鼯。

东袋鼬（yòu）的样子非常可爱，它们的大小接近家猫，长着一张小老鼠般的脸，还有一条毛茸茸的长尾巴，背部有白色的斑点。它们虽然长得像老鼠，却常常以老鼠为食，是老鼠的天敌。

a. 岩袋鼠　b. 绵毛负鼠 ▸▸
c. 蜜袋鼯　d. 东袋鼬

a
b
c
d

有些有袋动物生活在树上。

灰树袋鼠居住在新几内亚的雨林中。它们有强壮的前肢和长长的爪子，适合在树木间跳跃、在树枝上攀爬。这类有袋动物大多吃树叶和水果。灰树袋鼠肩部的毛是逆向生长的，能像雨衣一样防水。

灰树袋鼠 ▶▶

有些有袋动物生活在地面上。

兔耳袋狸因为耳朵长，长得像兔子而得名。

兔耳袋狸居住在沙漠、干旱草原的灌木丛或草丛中。它们会挖洞，白天待在洞穴中。这类有袋动物数量稀少，因为欧洲移民带来的狐狸、猫等外来肉食动物与兔耳袋狸竞争食物，同时，过度捕猎等因素也严重破坏了它们的栖息地。

有些有袋动物生活在地下。

袋鼹（yǎn）会从土里挖出蠕虫和昆虫来吃。袋鼹体形跟鼹鼠一样，它们大部分时间都在地下挖土生活。它们强壮的爪子能像铲子一样挖土，红色橡皮一样的鼻子还能向前拱开疏松的沙土，在身后形成一条隧道。像很多其他生活在地下的动物一样，袋鼹的视觉已经高度退化了。

袋鼹 ▶▶

有一种有袋动物，有时生活在水里。

蹼（pǔ）足负鼠分布在中美洲和南美洲，是唯一既能生活在陆地上，又能生活在水中的有袋动物。防水的皮毛和后足上的脚蹼使它们成为游泳健将。蹼足负鼠妈妈在水里捕食时，为了不让宝宝被水淹到，会用强有力的肌肉环闭紧育儿袋，以防止小负鼠溺水。

蹼足负鼠 ▶▶

很多有袋动物都是“夜猫子”——它们在夜晚猎食。

在热带森林里，斑袋貂（diāo）一般晚上捕食，白天则在树上自搭的平台上睡觉。斑袋貂行动缓慢，形状像手的爪子可以让它们爬得稳稳当当。斑袋貂强有力的尾巴能盘在树枝上，使它在爬行或坐下时不会从树上掉下来。只有雄斑袋貂身上有斑点。雌斑袋貂一般都是白色或灰色的。这类有袋动物在新几内亚及其周边地区，还有澳洲东北部的一小部分地区可以看到。

斑袋貂 ▶▶

也有一些有袋动物在白天觅食。

袋食蚁兽是昼行动物，它们白天寻觅食物，夜晚则休息在树林中倒下的空树干里。袋食蚁兽最爱的美食是白蚁，它们用强健锐利的爪子从朽烂的树干里把美味的食物挖出来。吃食物时，它们会用又长又黏的舌头舔食这些美味的昆虫。每只袋食蚁兽一天能吃掉两万只白蚁。

有些有袋动物吃肉。

袋獾常吃腐肉，偶尔也会捕食活的猎物。它们的下颌有力，牙齿尖利，能帮助它们迅速将肉撕开。虽然袋獾通常单独行动，但它们有时也会成群结队地去吃大型动物的腐尸。进食的时候，它们会发出刺耳的声音。袋獾以独特的嗥叫声和暴躁的脾气著称，再加上它长相凶狠，所以又被称作“塔斯马尼亚恶魔”。

袋獾 ▶▶

有些有袋动物吃植物。

树袋熊又叫考拉，以吃桉树叶子为生。树袋熊需要的大部分水分都来自桉树叶，只有在生病和干旱的时候，它们才会喝水。所以澳大利亚当地土著称它们为“考拉”，意思是“不喝水”。树袋熊是受保护的濒危动物，但它们生活的环境却没有得到保护。这些动物的生存面临危机，它们的家园和食物来源都在遭受破坏。

树袋熊 ▶▶

还有一些有袋动物既吃肉，也吃植物。

由于这类动物几乎什么都吃，所以能在很多不同的环境下生活栖息，因此生存能力很强。北美负鼠最特别的一点是，在面对危险时，它们还会通过装死来保护自己。

北美负鼠 ▶▶

有的有袋动物长得跟人一样大。

红大袋鼠是体形最大的有袋动物。成年红大袋鼠能长到 1.5 米以上，重量能达到 90 千克。红大袋鼠通常能跳 2 米多远，如果碰到紧急情况，它们一下能够跳 9 米远。

有的有袋动物长得跟老鼠一样小。

脂尾袋鼩的体长一般为6~9厘米，重30克左右，主要靠吃昆虫和蜘蛛为生。它们的尾巴可以作为脂肪的储存器官。当有足够的食物时，尾巴由于储存了大量脂肪而变得像胡萝卜一样粗。等到了食物稀缺的时候，它们就能以体内储存的脂肪为生。等脂肪被消耗完了，它们的尾巴就又变细了。

脂尾袋鼩 ▶▶

我们要保护有袋动物，同时也要保护它们生存的环境。这非常重要。

很多有袋动物如今都濒临灭绝。袋狼又被叫作塔斯马尼亚狼或塔斯马尼亚虎，但它既不是狼也不是虎。一只完全长大了的袋狼体长约 120 厘米，肩部以下大约高 60 厘米。袋狼曾在澳大利亚大部分地区都有分布，但外来的狗种与袋狼发生竞争，对它们的生存造成了威胁。再加上澳洲的移民认为袋狼对家羊是种威胁而对它们广为捕杀，1914 年袋狼就已罕见，现在则认为它们已基本灭绝。

袋狼 ▶▶

亲爱的小朋友：

读完了这本动物绘本，可以试着回答封底的三个问题吗？这套绘本共有 8 册，是献给你们的一套野外观察手绘本。希望你们能借助这套绘本熟悉动物朋友，爱上动物朋友，从而走进大自然亲近动物朋友。在此我们愿为你们打开一扇通往美好动物世界的大门，给你们源源不断的启发和探索机会！

下面是一些能让我们了解更多动物知识的相关资料，供大家参考。

参考资料

野外观察活动组织机构

- 北京自然博物馆 *http://www.bmnh.org.cn*
- 自然之友 *http://www.fon.org.cn*
- 自然图书馆 *http://site.douban.com/144877*
- 乐享自然 *http://www.lxzrchina.com*
- 自然野趣 *http://site.douban.com/213048*

与作者的对话

Q: 您为什么要用这种形式的图文搭配来创作这套书呢?

A: 这套书是我们为小读者们创作的。我们希望这套野外观察手绘本的主体部分简单、清晰、易懂。同时为了便于家长更好地指导孩子,启发孩子,让孩子探求更多有关动物和家园的知识,我们在书中做了一些相关的知识链接。

Q: “我的小小自然博物馆”系列要被介绍给中国小读者了,请问您有什么要对他们说的?

A: 我们希望中国小读者能喜欢这套书,并从书里学到东西。自然世界美妙无比,需要我们的珍惜和保护。

我的小小自然博物馆

生命奇迹

哺乳动物

[美]凯瑟琳·希尔/著　[美]约翰·希尔/绘　周鑫　牧歌/译

中国纺织出版社有限公司 | 国家一级出版社
全国百佳图书出版单位

图书在版编目（CIP）数据

我的小小自然博物馆. 生命奇迹. 哺乳动物 /（美）凯瑟琳·希尔著；（美）约翰·希尔绘；周鑫，牧歌译. -- 北京：中国纺织出版社有限公司，2019.11
ISBN 978-7-5180-6595-0

Ⅰ. ①我… Ⅱ. ①凯… ②约… ③周… ④牧… Ⅲ. ①自然科学—儿童读物②哺乳动物纲—儿童读物 Ⅳ. ①N49②Q959.8-49

中国版本图书馆CIP数据核字(2019)第187967号

原文书名：About Mammals
原书ISBN：9781561451746
原出版社：Peachtree Publishers
原作者名：Cathryn Sill John Sill

著作权合同登记号：图字：01-2019-6200

选题策划：尚童童书　责任编辑：姚　君　责任校对：寇晨晨
责任印制：储志伟　特约编辑：刘凌紫　特约美编：周含雪

中国纺织出版社有限公司出版发行
地址：北京市朝阳区百子湾东里 A407 号楼　邮政编码：100124
销售电话：010—67004422　传真：010—87155801
http://www.c-textilep.com
中国纺织出版社天猫旗舰店
官方微博 http://weibo.com/2119887771
北京尚唐印刷包装有限公司印刷　各地新华书店经销
2019 年 11 月第 1 版第 1 次印刷
开本：889 × 720　1/16　印张：2.5
字数：20 千字　定价：112.00 元（全 8 册）

凡购本书，如有缺页、倒页、脱页，由本社图书营销中心调换

作者介绍

凯瑟琳 · 希尔（Cathryn Sill）

凯瑟琳 · 希尔毕业于美国西卡罗莱纳大学，担任小学教师三十年。她与丈夫约翰 · 希尔共同创作了《北美罕见鸟类观察指南》《观鸟之外》，“你好！动物朋友”系列、“你好！地球家园”系列等科普书，获得了北卡罗来纳州作家奖、联合童书会（自然世界）优选图书、美国教师协会杰出科普童书奖等众多奖项和荣誉。

约翰 · 希尔（John Sill）

约翰 · 希尔拥有北卡罗来纳大学野生动物学学位，他既是一位野生动物专家，也是一位卓越的画家，除了与妻子凯瑟琳 · 希尔共同创作了一系列科普图书，他还是《鸟之绝唱》《鸟之世界》等经典鸟类图书的作者，并举办过各种野生动物插画展。他笔下的棕尾蜂鸟还被美国鸟类协会评为“2014 年最佳鸟绘”。

多数哺乳动物全身被毛。

世界上有 4000 多种哺乳动物。哺乳动物身上的毛皮有很多种类型，能保护它们适应各种生存环境。浣熊的毛在冬天会长得更厚，这可以帮助它们保持体温。浣熊原产自北美洲，它们能适应很多种生存环境，现在还渐渐适应了城市的生活，在一些城市里都能见到它们的身影。浣熊只要能找到水，在进食前总用水“洗”食物，故得名浣熊，你猜到了吗?

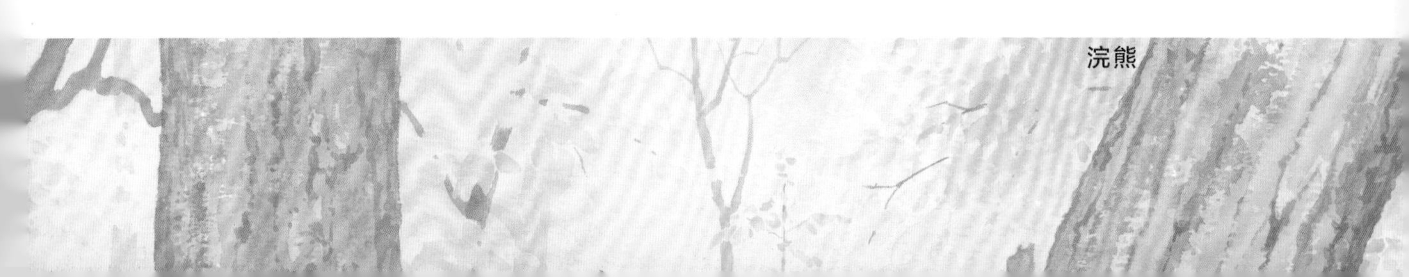

John Sill

有些哺乳动物的毛又厚又密。

毛既能保护哺乳动物在不同的环境中生存，还能防止皮肤被划伤或晒伤。哺乳动物的毛一般分为3种：长而坚韧并有一定毛向的叫针毛；在针毛下柔软而无毛向的叫绒毛；由针毛特化而成的叫触毛。麝（shè）牛天生披着一件厚厚的外袍，在长长的针毛下，还有一层细密柔软的绒毛。绒毛紧贴皮肤，形成了保温层，这样，麝牛生活在寒冷的北极地区也不会被冻伤。

麝牛 ▶▶

John Sill

有的哺乳动物的毛进化成了尖尖的刺。

有些哺乳动物身上长着又粗又硬的针毛，豪猪背部和尾部尖利的硬刺就是从毛进化来的。硬刺和皮肤连接得并不紧密，当刺扎进敌害的身体时，很容易脱落下来。豪猪身上的硬刺是保护自己不被敌害攻击的。图画中的北美豪猪生活在北美洲的北部和西部。

北美豪猪 ▶▶

John Sill

有的哺乳动物长着几根硬硬的胡须。

胡须是一种特别的毛，它能帮助哺乳动物感知周围的环境。海象是一种海洋哺乳动物，在海象唇的周围长着粗硬的胡须。当海象在黑暗的海底搜寻食物时，就是靠鼻口部和能像触角一样活动的胡须来发现它们喜欢吃的海螺、蛤蜊（gé lí）、螃蟹和虾的。海象生活在北冰洋以及太平洋和大西洋北部的海域。

海象 ▶▶

Sill

John Sill

哺乳动物小的时候靠吃妈妈的奶长大。

哺乳动物得名于它们用乳汁哺育宝宝的方式。北美野牛的宝宝一直要喝妈妈的奶长达7个月。北美野牛曾被猎杀濒临灭绝，如今，受到立法保护后，它们的数量在慢慢回升。北美野牛是北美洲一种比较凶悍的动物，主要靠食草为生。它们生活在美国中部和西部以及加拿大中部和南部地区。

John Sill

有些哺乳动物刚出生时很柔弱。

白足鹿鼠的特点是眼睛很大，耳郭突出，足和腹部都是白色的，背部是棕色的，还有一条长尾巴。哺乳动物妈妈一般都会照顾自己的宝宝。它们给宝宝喂食、清理毛皮，一直保护宝宝，直到它们能独立生存。白足鹿鼠刚出生时眼睛睁不开，浑身没有毛，直到出生 2 周后才能睁开眼睛，出生 3 周后才断奶，11 周后，它们才能长到成年鼠的大小。白足鹿鼠分布在美国东部大部分地区，以及加拿大和墨西哥的部分地区。

白足鹿鼠 ▶▶

John Gill

有些哺乳动物出生后不久便能行动自如。

草食性哺乳动物的宝宝在妈妈寻找食物时必须同行。幼小的动物在出生后不久，就能逃过猎食者的追捕。马鹿宝宝出生后 2~3 天只能躺卧，很少行动。5~7 天后开始跟随马鹿妈妈活动。马鹿属于北方森林草原型动物，但由于分布范围较大，栖息环境也极为多样。

马鹿 ▶▶

有的哺乳动物善于奔跑。

大部分陆地哺乳动物用四肢走路和奔跑。叉角羚生活在没有遮蔽的环境中，所以必须要跑得足够快才能躲避危险。它们奔跑的速度最高达 80 千米每小时，而且有着惊人的耐力，能以 70 千米每小时的速度持续奔跑 11 千米左右。叉角羚是北美洲跑得最快的哺乳动物，仅次于动物界赛跑冠军猎豹。叉角羚生活在加拿大西南部、美国西部、墨西哥北部的草原和荒漠地区。

叉角羚 ▶▶

有的哺乳动物擅长爬树。

擅长攀爬的动物通常长着尖而有力的爪子，能在攀爬的时候紧紧抓住树干或树枝，以防坠落。北美红松鼠就是凭借尖而有力的爪子轻松地在树上蹿来蹿去，通过敏捷的动作，逃离猎食者的捕食。它们是针叶林中胆小又爱叫的小动物。北美红松鼠广泛分布于北美洲。

北美红松鼠 ▶▶

John Sill

John Sill

有的哺乳动物生活在水中。

生活在水中的哺乳动物游泳的时候，需要不停地用鳍状肢来调整方向，用尾巴来推动自己前行。蓝鲸是一种海洋哺乳动物，被认为是已知的地球上生存的最大的动物。它们体长最长可达 33 米，重可达 180 吨。蓝鲸分布在地球上的四大洋中。

蓝鲸 ▶▶

有的哺乳动物还会飞。

虽说也有些哺乳动物能在树木间滑翔，但是蝙蝠是唯一真正能飞行的哺乳动物。大棕蝠能以50千米每小时的速度飞行。蝙蝠是非常有益的动物，因为大多数蝙蝠以昆虫为食，在昆虫繁殖的平衡中起重要作用。大棕蝠以多种飞虫为食，比如甲虫、飞蛾还有黄蜂。

大棕蝠

John Sill

John Sill

有的哺乳动物吃肉。

以吃肉为生的动物被称为“食肉动物”。在图画中，短尾猫猎到了一只兔子。它们不仅以兔子为食，还以能捕到的其他任何动物为食，属于杂食动物。短尾猫在食物缺乏时会猎食较大的动物，但是它们主要的猎物是兔子、松鼠和老鼠等小型动物。短尾猫主要分布在北美洲。

短尾猫 ▶▶

John Sill

有的哺乳动物吃植物。

以植物为食的动物叫“食草动物”。有的食草动物会为过冬而储存食物。仲夏时节，北美鼠兔便开始搜集植物，聚集成堆，放在太阳下晒干，然后放在岩石下或其他安全地点作为冬粮。北美鼠兔大多生活在多岩的山地。

北美鼠兔

有一些哺乳动物既吃肉又吃植物。

既吃肉又吃植物的动物叫“杂食动物”。大部分熊类都是杂食动物。美洲黑熊吃很多不同的东西，包括草根、浆果、昆虫还有小型哺乳动物等。它们的适应性很强，能生活在森林、湿地和苔原地区。美洲黑熊是北美最常见的熊。它们生活在加拿大、美国和墨西哥北部。

美洲黑熊 ▶▶

John Zill

有的哺乳动物生活在冰天雪地的冰原。

当冬天降临时，动物靠厚厚的脂肪和密实的皮毛来御寒。北极狐也是如此，它们褪去灰色的夏装，换上一身雪白的冬装。这种伪装让捕食者和猎物都不容易发现它们。北极狐的足底也生有厚厚的毛，所以能在冰雪上行走。整个北极冰原都有北极狐的身影。

北极狐 ▶▶

有的哺乳动物生活在炎热干燥的沙漠里。

沙漠中的哺乳动物有特别的方式来适应炎热干燥的环境。黑尾长耳大野兔长着一对大大的耳朵，这对大耳朵能帮助身体散热，灵敏的听力能帮助它们避开猎食者。黑尾长耳大野兔很少挖洞，而普通兔子则不然。黑尾长耳大野兔的宝宝一出生全身就有毛，眼睛是睁开的；而普通兔子刚出生时眼睛睁不开，身上没有毛。黑尾长耳大野兔生活在北美中部和西部地区。

黑尾长耳大野兔 ▶▶

John Sill

有的哺乳动物生活在湿地。

很多哺乳动物能在沼泽或其他类型的湿地找到食物和庇护所。麝鼠的窝多筑在距离水面较高的岸上，多以干草做成，高约1米。它们的后肢趾间有半蹼，游泳时能像船桨一样划行。加拿大和美国大部分地区都有麝鼠的身影。

麝鼠 ▶▶

John Sill

我们要保护哺乳动物的生存环境，这非常重要。

对哺乳动物和其他野生动物最大的威胁就是栖息地被破坏。而保护环境，为动物提供自由的活动空间、庇护所、食物和水，这能让哺乳动物以及所有其他动物都受益。图画中的啄木鸟不是哺乳动物，你答对了吗？

请在图中找出不是哺乳动物的一项

a. 人类　　b. 浣熊 ▶▶
c. 灰松鼠　d. 白尾鹿
e. 北美黑啄木鸟

b
e
d
c
a